渤海湾盆地渤中凹陷构造演化及其对潜山储层控制作用

薛永安　王德英　王清斌　李慧勇　吕丁友　著

石油工业出版社

内 容 提 要

本书基于渤海海域油气勘探资料，结合区域构造背景、构造解析、数值模拟以及典型油气田解剖，首次厘清了渤海海域印支期 NWW 向及燕山期 NEE 向构造格局，恢复了印支期逆冲褶皱、燕山中期走滑拉张反转、燕山末期区域隆升、新生代幕式裂陷的演化过程；基于构造解析、数值模拟以及岩石力学实验，明确了脆性岩石在印支期挤压、燕山—喜马拉雅期走滑扭动构造背景下易于形成规模性裂缝，而晚期的构造活动有利于先期裂缝的开启；阐述了构造叠加改造控制储层模式及储层预测方法及在渤海海域开展的大量勘探实践。

本书可供从事石油与天然气勘探的科研工作者和技术管理人员以及高等院校相关专业师生参考。

图书在版编目（CIP）数据

渤海湾盆地渤中凹陷构造演化及其对潜山储层控制作用／薛永安等著 . —北京：石油工业出版社，2021.6
ISBN 978-7-5183-4661-5

Ⅰ．①渤… Ⅱ．①薛… Ⅲ．①渤海湾盆地-拗陷-构造演化-研究②渤海湾盆地-储集层特征-研究 Ⅳ．①P548.2②P618.130.2

中国版本图书馆 CIP 数据核字（2021）第 111057 号

出版发行：石油工业出版社
　　　　　（北京安定门外安华里 2 区 1 号楼　100011）
　　　　　网　　址：www.petropub.com
　　　　　编辑部：（010）64523594
　　　　　图书营销中心：（010）64523633
经　　销：全国新华书店
印　　刷：北京中石油彩色印刷有限责任公司

2021 年 6 月第 1 版　2021 年 6 月第 1 次印刷
787×1092 毫米　开本：1/16　印张：8.5
字数：200 千字

定价：100.00 元

前　言

中国是世界第二大石油消费国，第三大天然气消费国，原油对外依存度超过 70%，天然气对外依存度超过 40%。2020 年，国家发展和改革委员会、国家能源局联合发布了《关于做好 2020 年能源安全保障工作的指导意见》，对勘探开发投资、重点含油气盆地建设、非常规油气资源发展等几大领域做出指示，积极推动国内油气稳产增产。

渤海湾盆地是中国东部富含油气资源的中—新生代裂陷盆地，也是中国第二大能源生产基地。历经 60 余年的勘探，仅依靠古近系与新近系增加地质储量、维持储采平衡难度越来越大。而渤海湾盆地前古近系自下而上发育了太古—元古宇、寒武—奥陶系、石炭—二叠系以及中生界四套构造层系，具有十分广阔的油气勘探空间。值得欣喜的是，"十二五"以来，作为渤海湾盆地主要富烃凹陷的渤中凹陷，在不同层系、不同岩性的潜山中均发现了规模性的潜山油气聚集。如中生界蓬莱 9-1 花岗岩油田，古生界渤中 21-2、渤中22-1 气田，太古宇渤中 19-6、渤中 13-2 变质岩油气田。这些油气田的发现充分证实了环渤中凹陷潜山巨大的勘探潜力，同时该区基底构造的分区性、潜山圈闭的成带性以及储层的非均质性表明中—新生代构造对残余地层分布、潜山带演化以及储层形成分布具有重要的控制作用。受渤海海域勘探程度以及特殊的地质条件影响，渤中凹陷中—新生代构造演化及其对潜山成圈、成储的控制作用一直缺乏系统研究与统一的认识。

为了在渤中凹陷进一步开展潜山勘探，保障油气增产稳产，满足国家油气能源战略接替的需求，渤海油田针对渤中凹陷中—新生代构造演化开展了系统研究，并重点讨论了其对潜山储层的控制作用。通过攻关研究，理清了中生代以来各关键构造期的构造背景、构造纲要及其盆地性质；恢复了中生代以来盆地演化过程；通过开展岩石力学实验明确了不同潜山岩性成缝差异；基于不同构造期数值模拟，落实了平面上储层的有利发育区，并最终建立了构造叠加改造控储模式及储层预测方法。本书既包括区域构造背景的总结与描述，也涵盖了翔实的油气勘探资料；既是项目攻关的研究成果，也是对渤中凹陷潜山勘探成果的总结，旨在为多期构造叠加改造的盆地研究提供借鉴，促进中国潜山油气勘探事业的发展。

本书共分五章。第一章介绍国内外潜山研究现状以及渤海海域潜山勘探进展；第二章总结了中国东部中生代与新生代区域构造背景，并具体论述了渤海湾盆地印支期、燕山期以及喜马拉雅期的构造发育环境；第三章基于翔实的油气勘探资料，厘定了渤中地区印支期、燕山期以及喜马拉雅期的断裂体系及构造特征，恢复了中—新生代构造演化过程，并基于构造差异开展了构造分区；第四章重点论述了构造演化对残余地层分布、潜山带分布以及储层形成与分布的控制作用；第五章为渤中凹陷潜山勘探实践，分别展示了典型的太古宇变质岩潜山、下古生界碳酸盐岩潜山以及中生界火山岩潜山的地质条件与成藏模式。

本书由薛永安提出构思，薛永安、王德英、王清斌、李慧勇、吕丁友等撰写，其中前言由薛永安、王德英执笔，第一章由王德英执笔，第二章由王清斌执笔，第三章由李慧勇、王德英执笔，第四章由吕丁友、王清斌执笔，第五章由刘晓健、华晓莉、刘庆顺、叶涛执笔；郭龙龙、周淋等参加了基础数据整理、统计、图件清绘、书稿校对等工作。同时，本书的撰写还得到了中海石油（中国）有限公司天津分公司、中国海洋大学等单位领导与专家的支持与帮助，在此一并向他们表示衷心的感谢。

本书中潜山构造演化及其控圈、控储研究主要是针对渤海湾盆地渤中凹陷提出，其应用范围和对象不免存在局限性，且不同盆地不同地区面临的地质问题千差万别，因此本文所提出的认识和相关模式仅供参考。此外受著者水平和研究深度的限制，书中难免存在不足之处，请广大读者批评指正！

目　　录

第一章 绪 论

2008—2019年，中国原油对外依存度由40%攀升至70%，严重影响了中国国民经济安全。加大国内油气勘探力度，拓展新的勘探领域，不断探明优质储量是降低对外依存度的有效措施。随着油气勘探不断向深层—超深层拓展，近期在新近系油气富集为主的渤中凹陷前新生代潜山油气勘探中获系列重大突破，且主要以高品位的轻质油、凝析油（气）、天然气为主，展现了这一领域巨大的勘探潜力（邓运华，2015）。构造是控制潜山圈闭分布、储层发育以及油气成藏的关键因素，系统剖析渤中地区构造演化过程及其对潜山成藏要素，尤其是对储层分布的控制作用将有利于推动渤中地区潜山的勘探进程，同时也对深化陆相断陷湖盆潜山油气勘探理论及实践具有重要意义。

第一节 国内外潜山研究现状

"潜山"一词最早由Powers（1922）提出，代表一种古地貌特征；2001年Levorsen将潜山定义为在盆地接受沉积之前已经形成的基岩古地貌山，后被新地层覆盖形成的深埋地下潜伏山，这一定义一直沿用至今。由于潜山在构造抬升过程中会经历强烈的风化作用，易于形成优质储层，潜山油气藏是含油气盆地中重要的油气藏类型之一。李德生（2000）将古潜山油气藏的理论作为中国石油地质学迈向新世纪的五大方向之一。

一、国内外潜山油气藏勘探现状

1909年，在美国俄亥俄州中部辛辛那提隆起勘探新生界含油层系时偶然发现了摩罗县潜山油气藏，这是世界上最早发现的潜山油气藏。此后，有目的、有计划地钻探潜山油气藏并获得成功的是委内瑞拉。1922年，委内瑞拉在马拉开波盆地发现了拉巴斯油田，先期勘探开发了白垩系、古近系油层。由于背斜轴部裂隙特别发育，推测白垩系石灰岩下的基岩裂隙发育，可能含油。1948年开始加深钻探，终于于1953年在拉巴斯构造上深2670m附近发现了332m的基岩含油井段，测试获日产620m³的高产油流，发现了潜山油气藏。1956年在阿尔及利亚撒哈拉沙漠东北部的哈西迈萨乌德背斜上钻探发现了寒武系砂岩潜山油气藏，含油面积100km²，油层有效厚度120m，单井日产油954m³。1988年在越南南部大陆架发现了白虎潜山油田（Cuong等，2009）。该油田主要产层为深部的上侏罗—下白垩统花岗岩和花岗闪长岩，储集空间由裂缝、溶洞和孔隙组成，产层厚度超过1km，日产油超过2000m³。

中国最早发现的潜山油田是1959年在酒泉盆地发现的玉门鸭儿峡潜山油田（郑应钊等，2009）。1975年，饶阳凹陷任4井于雾迷山组获日产油1014t，发现了任丘碳酸盐岩潜山大油田。该油田是新中国成立后发现的第一个大型潜山油气田（华北油田勘探开发设计研究院，1982）。20 世纪 70 年代以来，中国陆续发现并开发了一批碳酸盐岩潜山油藏。20
世纪 80 年代中后期以来，潜山勘探曾一度陷入低潮。1998 年大港探区发现千米桥潜山凝
析气藏，再次引起人们对潜山油气勘探的关注（卢鸿等，2001）。21 世纪初，随着华北油
田隐蔽性潜山理论（赵贤正，王权等，2012）以及辽河油田内幕型潜山理论（孟卫工等，
2009）的提出，推动了潜山油气储量又一个增长高峰的形成。2018 年大港油田重新构建
生烃模式，按照"探索原生油气藏勘探潜力，评价古生界含油气性"的思路，部署实施甩
开预探井——歧古 8 井，于奥陶系峰峰组获高产油气流，不含硫化氢，是歧北潜山奥陶系
首口突破井。油气样品地球化学分析证实，奥陶系油气来自上古生界煤系烃源岩。这为实
现歧北潜山古生界原生油气藏勘探的重大突破与规模增储，为渤海湾盆地潜山油气藏勘探
由传统的"新生古储"模式转向"古生古储"模式提供了借鉴（金凤鸣等，2012）。

二、潜山勘探基础理论研究进展

1975 年，饶阳凹陷任丘碳酸盐岩潜山大油田发现之后，针对该油田华北石油勘探开发
设计研究院提出了断陷盆地富油凹陷"新生古储"潜山成藏理论。这一理论成功地指导了
雁翎、八里庄、河间、南孟、龙虎庄、永清、苏桥、何庄、深西、荆丘等一大批潜山油气
田的发现。然而随着形态好、埋藏浅、规模大的潜山钻探殆尽，潜山勘探逐步陷入低谷。
2000 年以来，石油地质学家通过创新潜山勘探基础理论，使得潜山勘探向更隐蔽、更复杂
多样、更深层拓展，潜山勘探不断获得了重大突破。

1. 华北油田隐蔽型潜山成藏理论

按照成藏位置和勘探的难易程度，潜山油藏可分为容易发现的潜山顶（头）聚油的常
规型潜山油藏和不易发现的潜山坡、潜山内幕聚油的隐蔽型潜山油藏（赵贤正，王权等，
2012）。隐蔽性油藏主要受控于潜山内部储层与隔层的配置，成藏位置具有强烈的不确定
性。基于大量的物理模拟实验证实：有效隔层的存在是内幕型隐蔽油藏形成的重要条件，
其油气源条件具有单向、断面供烃为主的特点，控山断层是潜山内幕圈闭最主要的油气运
移通道；潜山坡型隐蔽油藏的成藏条件与潜山内幕油藏相近，但其圈闭的形成需满足两个
遮盖条件，即顶部由不整面之上的泥质盖层遮挡，侧面由潜山内幕隔层形成封堵，不整合
面是其主要运移通道。

输导通道（断层、不整合面）与潜山储层渗透率比值和充注动力的关系决定了油气的
优先充注部位。当断层或不整合面为高效输导层时，油气优先充注潜山顶部，形成潜山顶
（头）油藏；当断层或不整合面的渗透性变差或其本身具非均质性，而潜山内幕或潜山坡
又存在高渗透性储层时，则油气优先向潜山内幕或潜山坡充注，形成潜山内幕或潜山坡油
藏。这为潜山内幕或潜山坡油藏勘探提供了新的研究思路和方向（赵贤正，金凤鸣等，
2012；赵贤正，王权等，2012）。

2. 胜利油田多样性潜山成因及成藏理论

胜利油田以区域动力系统为背景，以构造的时空演化为主线，以断陷盆地为单元，提
出了潜山的成因及结构分类方案，研究了断陷盆地潜山成因的动力学机制，揭示了潜山
类型的多样性、分带性及时空展布规律，探讨了潜山内幕层状储层形成机理，提出了内

幕层状油气成藏理论新概念，建立了潜山多样性油气成藏模式（李丕龙等，2004）。李丕龙等将断陷盆地潜山按成因划分为拉张型、挤压—拉张型、侵蚀型；将储集空间划分为孔隙型、溶洞型和裂缝型三种基本类型及裂缝—孔隙型、裂缝—溶洞型两种复合类型；并分别建立了拉张型潜山成藏模式、挤压—拉张型潜山成藏模式以及侵蚀型潜山成藏模式。

多样性潜山成藏理论体系由 3 个层次、8 个部分、22 个要素、31 个因子组成。断陷盆地潜山成因、成藏多样性体系的建立，实现了潜山勘探由"单山勘探"到"整带评价部署"；由"风化壳找油"到"潜山内幕勘探"；由"有机单源找油"到"有机—无机油气综合勘探"的突破。

3. 辽河油田变质岩内幕油气成藏理论

20 世纪 90 年代以来，在对深层地震资料进行重新处理解释的基础上，1994 年曙光低潜山探井曙 103 井在 3200m 以深的古生界碳酸盐岩潜山中获得高产油气流，开拓了低潜山勘探新领域，并相继在大民屯凹陷的安福屯、东胜堡西、静北、边台和平安堡等低潜山发现高产油气藏，在西部凹陷的西斜坡、兴隆台、马圈子低潜山也获得了重大突破（马古 1 井、马古 3 井）。2005 年位于兴隆台构造带的兴古 7 井在埋深 4200m 的太古宇变质岩潜山内幕获得高产油气流，开辟了潜山深层内幕勘探新领域（孟卫工等，2009）。

下辽河坳陷多期强烈的构造活动在潜山内部产生了多期高角度网状裂缝，形成多套优质潜山裂缝型储层。裂缝发育程度控制潜山储层的分布，因此，当潜山内幕存在与潜山顶部互不连通的储集空间时，就可以形成单独的流体系统。辽河油田根据勘探实践将潜山油气藏划分为四种成藏组合，即上油下油型、上干下油型、上水下油型与低油高水型。

试油及试产资料证实兴隆台潜山与中国众多传统潜山油藏一样发育顶面风化壳油藏，但同时受岩性控制，内幕油藏发育。潜山内幕构造裂缝控制着油气的分布，而裂缝的发育主要受岩性的影响。兴隆台潜山内部，斜长片麻岩、混合花岗岩及中酸性的火山岩脉易于形成裂缝，主要作为内幕储层，而煌斑岩及角闪岩不易产生裂缝，主要作为内幕的隔层。测井资料对比表明，兴隆台潜山油藏具有明显的分层性，在潜山内幕明显存在封隔层。兴古 7 井测试结果表明，潜山顶部油层压力为异常高压，而潜山中下部则接近正常压力。上述特征均表明，潜山内部的油藏并不是一个统一的压力系统。潜山浅层油藏的高压，可能与顶面风化壳封盖条件较好有关；而潜山中—深层油藏压力接近正常，说明内幕储层连通性较好。该潜山的成功勘探证实了变质岩内幕存在多套含油气系统。

4. 大港油田潜山内幕原生油气藏形成理论

渤海湾盆地黄骅坳陷乌马营潜山构造带之上的营古 1 井在二叠系下石盒子组砂岩获不含 H$_2$S 的高产油气流，油源对比结果证实油气来源于上古生界煤系烃源岩，属于潜山内幕原生油气藏，展现出古生界潜山内幕原生油气良好的勘探前景。通过对原生油气藏的烃源条件、潜山内幕储盖组合与油气成藏时间研究，论述了乌马营潜山内幕原生油气藏的形成与聚集特征：乌马营潜山内幕原生油气藏具有煤系烃源岩二次规模生气、潜山内幕多储盖组合叠置发育、晚期油气充注为主的三大优势成藏条件，形成了古生界潜山内幕源上砂岩和源下碳酸盐岩复式油气聚集。伴随中—新生代多期构造活动，乌马营潜山内幕原生油气藏的形成具有"早期油气混注局部成藏，中期高点迁移调整成藏，晚期天然气规模充注复式成藏"的特征（金凤鸣等，2019）。

三、潜山勘探技术研究进展

潜山的勘探发现与突破离不开勘探技术的发展与进步。由于潜山油气藏的特殊性以及受到勘探方法、技术自身的限制，重、磁、电、震等每个单一的方法都只能反映潜山某一方面的特性。如果仅仅依靠某一种方法，则得不到其他方面的特征和细节，甚至造成地质认识的片面性。由于潜山与围岩的速度、密度、电磁性存在明显差异，为进行重、磁、电、震联合勘探创造了条件。在难以开展地震勘探的地区，利用重、磁、电等勘探方法得到的资料可为识别潜山提供重要信息。重、磁、电、震多方法资料处理解释技术的有机结合，具有三维重磁电、时频电磁等新技术新方法的资料处理功能，便于多信息联合，可视化综合解释，有效提高综合解释的客观性，提高资料处理解释的质量，为找油找气发挥更重要的作用。

1. 地球物理勘探技术

由于潜山内幕地震资料成像差，信噪比低，一般可在裂缝预测前采用构造导向滤波处理技术提高地震资料品质。构造导向滤波技术是利用地层倾角和方位角沿地层定向滤波，再利用曲率和相干属性描述地层不连续性，并对无意义的不连续性做平滑处理，从而达到边缘保护的目的，使地震数据同相轴的连续性和错断特征更明显。地震资料经构造导向滤波技术处理后，同相轴能量增强，断点清晰，潜山内幕信息更加明确。

潜山裂缝叠后地震预测技术主要有相干、曲率、蚂蚁体追踪、最大似然属性等。每种技术都有其优缺点及适用条件。其中蚂蚁体追踪与最大似然属性比相干等属性精度高，但也只能实现对大尺度及中等尺度裂缝发育带的定性预测。

裂缝叠前地震预测技术能定量预测裂缝发育的密度和方位，预测效果较叠后方法精度更高。椭圆拟合法适用于单组裂缝预测；统计法适用于多组裂缝预测。叠后预测方法更适用于风化壳储层和基底下方发育的网状缝。裂缝叠前地震预测技术对资料品质要求较高。基于"两宽一高"采集地震资料可提高预测精度，但面对其产生的海量地震数据还需发展新的解释技术和数据压缩方法。大数据时代已经来临，期待更多的人工智能方法能与地震处理、解释方法相结合，解决五维地震数据量大的问题（姜晓宇等，2020）。

2. 钻完井技术

潜山油气藏运用最多的钻井技术为欠平衡钻井技术。欠平衡钻井是在钻井过程中井筒流体有效压力低于地层压力，允许地层流体进入井筒，并可将其循环到地面的可控钻井技术。该项技术在工艺技术理论、井口和地面控制分流装置、循环介质及相关的多相流体参数设计等方面都与传统的水基钻井液有很大的差别，因此它是一套不同于常规钻井的特殊钻井工艺技术。华北油田和大港油田在潜山勘探中均利用了这一技术。大港油田将欠平衡钻完井技术与水平井技术相集成，提升了钻探工艺水平；采用无固相防硫钻井液体系，成功抑制了 H_2S 的危害，并实现了欠平衡点火施工作业；采用裸眼完井避免了固井水泥浆对储层的伤害。综合欠平衡钻井技术自身特点和华北油田的地层特性，通过对欠平衡地层优选、井身结构优化、钻头对比优选、钻井液体系优选、钻井液密度及井口控制压力准确计算等手段，在冀中探区十余口井的钻探过程中成功应用了欠平衡钻井技术，取得了明显的效果。潜山欠平衡段机械钻速较邻井同井段提高 2~2.5 倍，欠平衡井段均未发生漏失，钻井过程中油气显示活跃且测试获得了高产油气流。

第二节 渤海海域潜山勘探进程与地质认识

一、渤中凹陷潜山勘探进程

渤海潜山勘探起步较早，最早于 1975 年在渤中凹陷北缘 428 潜山构造带上发现了 428 东古生界高产潜山油气藏；1980 年 12 月中日石油开发株式会社与渤海石油公司合作勘探开发渤南及渤西地区，首钻 BZ28-1-1 井发现了渤中 28-1 油田，主要储层为下古生界碳酸盐岩，储集空间为裂缝和基质孔隙。1994—1996 年渤海公司在曹妃甸 18-2 构造东高点钻 CFD18-2E-1 井，全井段裸眼测试，日产气约 $17.8×10^4 m^3$，日产凝析油约 $95 m^3$，至此发现了曹妃甸 18-2 油气田。2009 年 12 月 PL9-1-2 井证实了蓬莱 9-1 为具有商业价值的海上大型油田，于 2012 年 8 月底完成储量评价工作，其储层主要为中生界侵入花岗岩。

近几年围绕渤中凹陷西南环印支期逆冲褶皱带，先后探明了渤中 21-2、渤中 22-1 碳酸盐岩气田以及渤中 19-6 大型变质岩凝析气田，尤其是渤中 19-6 超千亿立方米凝析田的成功发现进一步证实了环渤中地区潜山，尤其是低位潜山的巨大勘探潜力。

截至 2020 年 12 月，渤海海域已钻潜山构造 163 个，钻遇潜山的探井达 395 口，发现潜山油气田及含油气构造 30 个，其中包括锦州 25-1 南、渤中 28-1、蓬莱 9-1 等 10 个潜山油气田以及秦皇岛 30-1、渤中 3-1、渤中 21-2 等 10 个潜山含油气构造，探明石油地质储量 $4.567×10^8 t$，探明天然气地质储量 $2571.99×10^8 m^3$。特别是近几年蓬莱 9-1 潜山油田以及渤中 21-2、渤中 22-1、渤中 19-6 等潜山油气藏的发现，掀起了渤海潜山勘探的高潮。同时相比整个渤海湾盆地潜山的储量发现比例，渤海海域的潜山发现比较低，还具有巨大的勘探潜力。

二、渤中凹陷潜山勘探地质研究进展

1. 潜山油气藏的特点

潜山油气藏与新生代油气藏相比，其成藏条件更为复杂，这就导致其与新生代油气藏对比具有不同的特征。潜山油气藏总体上具有以下五个特点：

（1）储层非均质性强。渤中地区潜山勘探实践证实，中生界火成岩、古生界碳酸盐岩以及太古宇变质岩均可以形成优质储层，但是相比碎屑岩储层，由于其同时受岩性、构造改造等多因素的影响，同一构造内部储层非均质性极强，预测难度大。

（2）油质普遍偏轻。环渤中探区已钻潜山，除蓬莱 9-1 油田埋藏较浅以外，一般埋深都超过 2000m，所以，绝大多数潜山所产出的是正常油和凝析油，具有油品好的特征。

（3）富含气，气油比高。由于大量潜山钻井埋藏深度大，尤其是位于洼陷内的低潜山，紧邻热成熟度高的烃源岩，多为高挥发油田或凝析气田，甚至为气田，如渤中 21-2、渤中 22-1 构造。

（4）能量大，单井产量高。67.9%的潜山单井日产油超过 100m³，多个潜山气藏平均日产气 197715.5m³。

（5）潜山油气藏压力系数偏低，极易遭受伤害。

2. 渤中地区潜山油气聚集规律

通过与陆上潜山油气藏对比研究，可清楚地看出渤中地区潜山油气的聚集规律有以下三个特点：

（1）被富生烃凹陷夹持或包围的低凸起及伸向凹陷的低位潜山是油气聚集的主要地区。目前海域内已发现的潜山油气藏大都在上述两个地区集中分布。因为它具备有利的油气运移、圈闭和储盖组合条件。

（2）多类潜山有效储集体，多种潜山油气的富集类型。从海域前古近系古地质图中可以看出，在海域内广泛分布着中生—古生界、元古—太古宇基岩。发育有具很强储集能力的变质岩、碳酸盐岩、花岗岩、火山岩及陆相碎屑岩。经钻探证实都发现有高产潜山油气藏，并且变质岩和碳酸盐岩储集物性强于中生界的火山岩和碎屑岩。这是因为后者储层非均质性明显，影响油气富集程度。

（3）古近系东营组厚层泥岩组成的区域盖层，是潜山油气得以富集和保存的重要条件。在渤海湾盆地古近—新近系有五套区域性盖层（E_2s_4、E_2s_3、E_3s_{1+2}、E_3d 及 Nm）。但由于渤海海域渐新世中后期，即东营组沉积期及其以后，海域坳陷期发育程度强于盆地陆上任何一个地区，所以东营组和新近系明化镇组由厚层泥岩组成的区域性盖层最为发育，且以东营组区域性盖层性质最佳。与此同时，东营组与沙河街组烃源岩在欠压实以及生烃作用的供烃下，往往发育超压，这进一步增强了泥岩的封盖能力。通过对全海域探区潜山油气流探井的统计对比，发现各类潜山气藏和油气藏的平均区域盖层厚度都大于 200m，并且大体遵循一个明显的规律：凝析气藏区域盖层最厚，平均厚度为 466.4m；带凝析气顶的油气藏，区域盖层厚度次之，平均厚度为 365m；油气藏区域盖层厚度最小，平均厚度为 151m。可见，气藏的形成需要更严格的封闭条件。

第二章 渤海湾盆地中—新生代区域构造背景

第一节 中国东部中—新生代区域构造背景

中国东部地区由华北和华南两大核心板块以及多个规模相对小的微地块组成（图 2-1）。中—新生代构造背景主要受控于古亚洲洋、特提斯洋和太平洋三大构造域。在中生代时期，中国东部地区主要经历了印支运动与燕山运动两次强烈的地壳运动。印支期是中国现今大地构造格局初步成型阶段。南部地区随着古特提斯洋的闭合，华南板块与华北板块进行了强烈的碰撞挤压，形成了近 EW 向展布的秦岭—大别—苏鲁造山带；北部地区在古亚

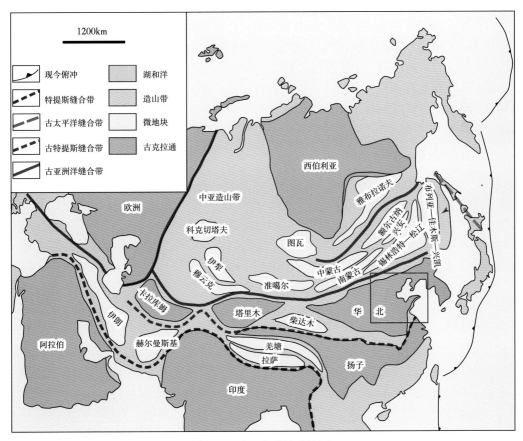

图 2-1 欧亚大陆构造简图

7

洲洋闭合后，华北板块与东北地块群碰撞形成了近 EW 向展布的中亚造山带（东段）。燕山期的构造活动主要受控于古太平洋板块向欧亚大陆下的俯冲与俯冲后撤，形成了中国东部地区大面积的褶皱隆起区。同时北部蒙古—鄂霍茨克洋关闭，东北地块群与西伯利亚板块拼贴，中国东部地区接受来自 NW 向的挤压作用。新生代，中国东部地区的构造背景主要受控于太平洋板块的俯冲作用。另外新特提斯洋关闭，印度板块与欧亚大陆南缘碰撞，其远程效应也对中国东部地区有所影响。

一、中国东部中生代构造背景

1. 古亚洲洋构造体系

如图 2-1 所示，中国东北地区位于中亚造山带的东段，被西伯利亚板块、华北板块和西太平洋板块所夹持。该地区由一系列增生地体和微地块组成，由西到东依次为额尔古纳地块、兴安增生地体、松嫩—锡林浩特地块和佳木斯地块（图 2-1），这些地块和地体沿着不同的缝合带在晚古生代时期碰撞拼贴形成了东北地块群（刘永江等，2010）。在晚二叠—中三叠世，古亚洲洋沿着索伦—西拉木伦河—长春—延吉缝合带呈"剪刀式"闭合（图 2-1），东北地块群作为一个统一的整体与华北板块北缘发生碰撞。

对长春—延吉地区早中生代的岩浆、沉积和变质作用的综合研究表明碰撞挤压作用一直持续到晚三叠世早期。到了晚三叠世中—晚期，大酱缸组磨拉石建造的形成代表了造山作用结束，向造山后伸展的构造环境转换。在华北板块内部和造山带内均发育有基性—超基性侵入岩、A 型花岗岩、A 型流纹岩和玄武岩等，组成了典型的双峰式岩石组合，同时呼兰群发生与伸展作用相关的韧性变形，表明在晚三叠世中—晚期华北板块与东北地块群碰撞挤压结束，进入了碰撞后伸展的构造背景。三叠纪末期，古亚洲洋构造体系对中国东部地区的控制作用结束。

2. 古特提斯洋构造体系

东西向绵延 2000 多千米的秦岭—大别—苏鲁造山带位于中国中东部（图 2-2），是中国大陆的"脊梁"，是由华南板块在三叠纪向华北板块之下俯冲、碰撞形成的典型碰撞造山带，是世界上出露规模最大、保存最好的超高压变质地体之一，也是继阿尔卑斯和挪威超高压变质带被确定之后发现的世界上第三条超高压变质带。与世界上其他大陆碰撞带一样，其最终碰撞之前也经历了长期的大洋俯冲、增生过程。

晚二叠—早三叠世，随着古特提斯洋自东向西呈"剪刀式"逐渐闭合，华北与华南板块最终拼合形成了秦岭—大别—苏鲁复合型造山带。关于两大板块碰撞起始时间的问题，部分学者认为碰撞应发生于中—晚三叠世。而通过对榴辉岩的锆石 U-Pb 测年和代表俯冲带上盘增生杂岩的白云母 Ar-Ar 年代学研究结果表明华北与华南两大核心板块碰撞开始于晚二叠世。刘晓春等通过对比秦岭—大别—苏鲁造山带东西的构造单元组成、构造样式、变质条件和变质时代的差异，认为大陆深俯冲作用只局限于红安—大别—苏鲁造山带内，提出"东部深俯冲西部浅俯冲，东部硬碰撞西部软碰撞"的模型。大别—苏鲁造山带内的变质岩年代学显示，含柯石英超高压榴辉岩相变质作用发生在距今 240—225Ma；高压榴辉岩相重结晶过程发生在距今 225—215Ma；角闪岩相退变质过程发生在距今 215—

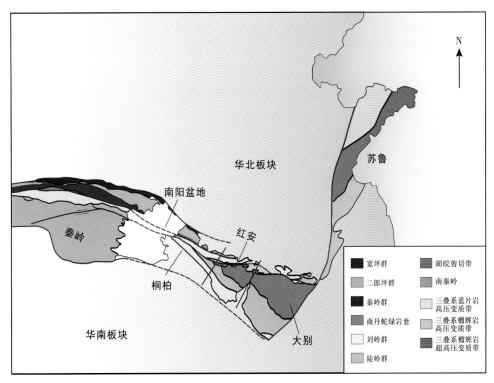

图 2-2　秦岭—大别—苏鲁造山带构造简图

205Ma。李曙光将陆—陆碰撞过程划分为三个构造演化阶段：早期大陆俯冲阶段，产生了被动陆缘的前陆褶冲带和俯冲陆壳内部的逆冲构造；中期俯冲板片断离阶段，导致超高压岩石的快速折返和同碰撞岩浆事件的产生；晚期岩石圈相互楔入及平俯冲，造成俯冲陆壳的仰冲和二次快速抬升及深部岩石圈的平俯冲。Li 等提出两阶段的挤出模型来解释高压—超高压岩石的折返，第一阶段为中三叠世快速向上挤出，第二阶段为晚三叠世到早侏罗世缓慢向东挤出。另外在勉略带内及北侧出露了 220—206Ma 俯冲—碰撞型花岗岩和距今200Ma 的高压麻粒岩（李三忠等，2000）。以上研究表明，华南与华北两大板块之前的陆—陆俯冲、碰撞过程持续了整个三叠纪。

3. 古太平洋构造体系

随着北部古亚洲洋和南部古特提斯洋的闭合，华北板块分别与东北地块群和华南板块在三叠纪碰撞拼合后，中国东部从此形成了一个统一的大陆边缘——西太平洋或东亚大陆边缘（图 2-1），开始接受古太平洋板块（伊泽奈崎）俯冲动力机制的约束，进入新的构造演化阶段。关于古太平洋板块在中生代向欧亚大陆东缘下俯冲启动的时间问题，目前还存在比较大的争议，主要有早二叠世、晚三叠世、早—中侏罗世和白垩纪四种认识。

与板块俯冲作用直接相关的黑龙江增生杂岩和那丹哈达杂岩的年代学研究显示其形成于 210—180Ma，表明古太平洋板块向欧亚大陆俯冲开始于晚三叠世。李三忠等认为华南板块内雪峰山地区印支期发育早期 EW—NEE 向褶皱和晚期 NNE 向的紧闭褶皱，记录了特提斯构造域向太平洋构造域的转换过程，表明晚三叠世华南内陆已经受到了古太平洋板块俯冲的影响。Kim 等在朝鲜半岛南部发现了晚三叠世岛弧性质的岩浆作用，认为其成因与古太平洋板块的俯冲作用相关。另外在吉林—黑龙江东部地区同样发育 NNE 向呈带状分布的三叠纪末期钙碱性岩浆岩。综上所述，中国东部地区于晚三叠世进入古太平洋构造体系。

根据辽东—辽西—冀北一带中生代岩浆活动的时空迁移规律，发现 180—145Ma 岩浆活动从海沟向陆内迁移，而从距今 145Ma 开始岩浆活动自内陆向海沟方向迁移（图 2-3）。通过分析这两期岩浆的形成条件，认为它们分别代表了古太平洋板块向欧亚大陆东缘前进俯冲和后撤的响应。郑永飞等根据晚中生代基性岩浆作用研究，也认为古太平洋板块大约在距今 144Ma 发生回转。朱日祥和徐义刚认为东亚大地幔楔同样是在早白垩世（距今145Ma）开始形成的。随着古太平洋板块以高速低角度向西俯冲，在华北克拉通晚侏罗世普遍存在的角度不整合事件——燕山运动 A 幕发生（赵越等，2010）。晚侏罗世晚期，古太平洋板块俯冲由低角度转为高角度并且伴随俯冲板片回转，此时构造环境转变为伸展状态。华北克拉通东部出现岩浆活动与裂谷盆地。早白垩世（130—120Ma），古太平洋板块回转与后撤速率达到最高，东亚大地幔楔最终形成，期间发生大量的双峰式岩浆活动，形成巨厚的玄武岩，华北克拉通发生破坏。晚白垩世，大洋板块格局重组，新生的太平洋板块推动古太平洋板块向北西快速运动，向西俯冲的分量对欧亚东部陆缘造成了一次区域性挤压事件，西部沉降区普遍发育反转构造。另外根据朝鲜半岛、日本岛和中国东北延吉地区的磷灰石裂变径迹热史模拟结果，发现欧亚大陆东缘在 90—80Ma 经历了一场急剧抬升事件。同时，伊泽奈崎板块上发育的大规模破碎带也一起俯冲于欧亚大陆之下，两条大型破碎带俯冲潜没的位置恰好位于东北地块和华北地块之下，可能加强了此次反转作用，在东北盆地群和渤海湾盆地的盆地反转尤为明显。

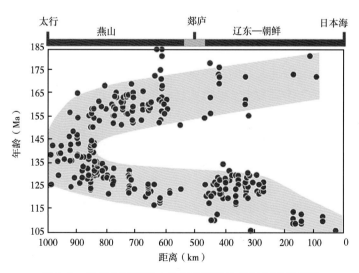

图 2-3　欧亚大陆东缘中生代岩浆活动的时空迁移规律

4. 蒙古—鄂霍茨克洋构造体系

蒙古—鄂霍茨克洋是古生代至早中生代存在于西伯利亚板块南缘的古洋盆。Parfenov 等和 Bussien 等认为蒙古—鄂霍茨克洋是古亚洲洋向北俯冲所造成弧后伸展作用的结果，属于古亚洲洋构造域。晚中生代其由西向东呈剪刀式闭合，中蒙古地块和东北地块群分别与西伯利亚板块碰撞拼贴，形成了长约3000km NE向展布的蒙古—鄂霍茨克缝合带（图2-1）。目前关于蒙古—鄂霍茨克洋的俯冲极性还存在争论（朱日祥和徐义刚，2019）。根据Hangay-Hentey增生杂岩的分布位置显示蒙古—鄂霍茨克洋一直向北俯冲，而向南俯冲的证据不足。但是，近年来在中蒙古地块和中国的大兴安岭地区鉴别出大量的晚二叠—中三叠世钙碱性火成岩和同时期的斑岩型铜、钼矿床，认为它们的形成与蒙古—鄂霍茨克洋向南俯冲有关。唐杰等通过对大兴安岭地区早中生代火成岩进行了系统的总结，认为三叠纪—早侏罗世蒙古—鄂霍茨克洋向南进行持续俯冲，额尔古纳—兴安地块上形成了NE向呈带状分布的高钾钙碱性火成岩；中—晚侏罗世兴安地块发育的S型花岗岩代表了蒙古—鄂霍茨克洋在大兴安岭地区的关闭，西伯利亚板块与东北地块群发生碰撞造山，古地磁证据同样支持东部闭合于晚侏罗世；晚侏罗—早白垩世早期额尔古纳—兴安地块上的岩石组合以A型花岗岩、A型流纹岩和偏碱性的中基性火山岩为主，进入造山后伸展的环境。目前，部分学者认为中—晚侏罗世蒙古—鄂霍茨克洋闭合对中国东部的构造环境产生了一定的影响。

二、中国东部新生代构造背景

1. 太平洋构造体系

随着古太平洋板块（伊泽奈崎）与太平洋板块之间的洋中脊俯冲到欧亚大陆之下，新生代初期（距今55Ma）太平洋板块开始向欧亚大陆之下俯冲，从此欧亚大陆东缘进入了太平洋构造体系演化阶段（图2-4）。

始新世早期（55—45Ma）古太平洋板块与太平洋板块之间的洋中脊俯冲到欧亚大陆东缘之下，东亚洋陆过渡带内的地质响应表现为大规模的抬升，局部开始出现NW—SE向伸展断陷盆地。始新世（50—47Ma）以来，太平洋板块俯冲方向由NNW向转为NWW向，同时印度板块与欧亚大陆发生强烈的碰撞和楔入，导致中国东部一系列NE或NNE向断裂开始右行张扭走滑（索艳慧等，2017；李三忠等，2018）。中国东部包括东海陆架盆地和南海在内的区域都处于右旋张扭的应力场，华南、东海、黄海、南海几乎都是在这一动力学体系下开启了拉分裂解过程。渐新世菲律宾海板块形成并开始向中国东部陆缘俯冲，主俯冲带向东后撤至菲律宾海板块以东的古马里亚纳海沟，中国东部陆缘由裂陷向凹陷转变。随着古南海向南俯冲，华南陆缘岩石圈遭受拖曳并处于拉伸减薄的状态，大约距今32Ma岩石圈破裂、洋壳出露，新南海形成。中新世中—晚期，菲律宾海板块快速向欧亚大陆东缘俯冲挤压导致了左旋压扭的应力场，东海和南海地区出现了构造反转，反转在盆地内部自东向西传递。上新世至现今，菲律宾海板块停止向北运移，开始与太平洋板块一起向西俯冲，台湾岛弧和华南板块发生碰撞，导致台湾地区发生增生造山运动。

2. 新特提斯洋构造体系

中生代新特提斯洋持续向北俯冲消减，在俯冲带的上盘形成了一个规模巨大的岩浆岩带（冈底斯弧），到了新生代早期新特提斯洋闭合，印度与欧亚大陆沿雅鲁藏布江缝合带碰撞拼合。在20世纪八九十年代，国际上普遍接受距今55Ma印度板块首先在西构造结与

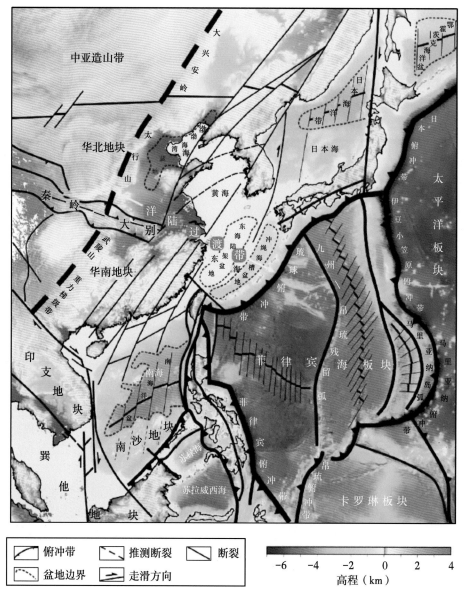

图 2-4 欧亚大陆东缘现今构造—地貌格局

欧亚大陆发生碰撞，随后向东穿时逐渐闭合。近年来，中国地质学家根据雅鲁藏布江缝合带两侧的地层资料，提出印度板块与欧亚大陆碰撞起始时间可能在 65—60Ma，碰撞从中部开始，然后向两侧逐渐闭合。印度板块与欧亚大陆的碰撞是近 5 亿年来地球历史上发生的最重要造山事件。尽管地球历史上关闭了许多大洋并导致大陆碰撞，唯独印度板块与欧亚大陆的碰撞引起了大面积的地表隆起。这种碰撞的持续作用，影响范围已经远远超出了青藏高原，波及亚洲中部内陆、亚洲东南部和中国东部地区。碰撞引起的大陆侧向挤出和岩石圈增厚影响了中国东部及邻区张裂过程和构造反转的运动学行为。

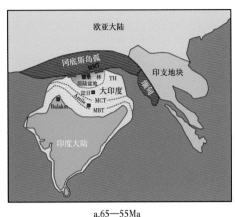
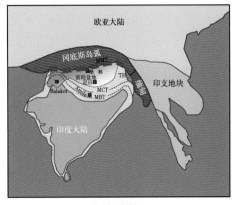

a.65—55Ma

b.55—50Ma

图2-5 印度与欧亚大陆汇聚碰撞演化模式

第二节 渤海湾及邻区中—新生代构造背景

渤海湾及邻区在大地构造位置上处于华北板块东部，北部为中亚造山带和阴山—燕山造山带，南部为秦岭—大别造山带，东部为郯庐断裂带和苏鲁造山带（图2-6）。该地区

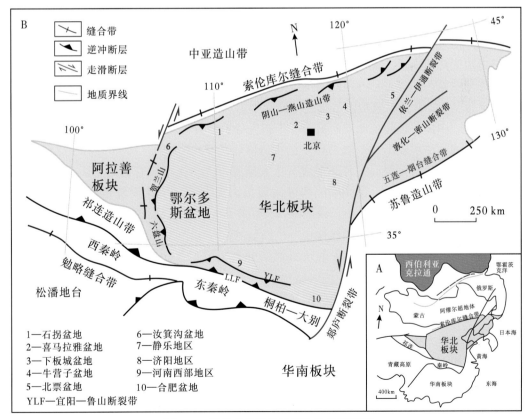

图2-6 华北克拉通及相邻构造单元简图

的构造背景在印支期受到华北板块在南部与华南板块碰撞、北部与东北地块群碰撞的控制，燕山期主要受古太平洋板块向欧亚大陆东缘俯冲作用约束，喜马拉雅期受到太平洋板块俯冲和印度—欧亚大陆碰撞远程效应的叠加影响。

一、渤海湾及邻区印支期构造背景

1. 印支早期（T_1—T_3早期）NE —SW 向挤压

印支运动是中国东部的一次革命性运动，导致了华北板块内部盖层出现最早一期构造变形。从印支早期开始，华南板块向华北板块下进行强烈的俯冲与碰撞，导致了郯庐断裂在大别造山带内开始形成，与此同时华北板块北缘与东北地块群沿着索伦—西拉木伦河—长春—延吉缝合带碰撞（图 2-1）。所以在印支早期，华北板块南缘受到 NE 向的强烈挤压，北缘受到 S 向的挤压作用。在这个动力背景下，渤海湾及邻区发育 NWW 向的印支期宽缓—紧闭褶皱及逆冲构造。

印支期褶皱轴迹主要分布在现今鲁西地区、黄骅坳陷和北部秦皇岛—承德一带，均呈NWW 走向（图 2-7）。逆冲推覆构造分布在郯庐断裂以西地区，其走向与褶皱轴迹一致，大别造山带以北到鲁西地区由 SSW 向 NNE 逆冲，北部秦皇岛—承德一带由 NNE 向 SSW逆冲（图 2-7）。兰浩圆等（2017）在鲁西平邑县识别出一系列由南向北的叠瓦式逆冲推覆断层（图 2-8），局部有向南的反冲断层，发育断层相关褶皱，切割奥陶系石灰岩，局部可见晚期 NNE 向左行走滑断层切割早期逆冲断层，推测形成于印支期。

王金铎通过渤海湾盆地济阳坳陷内的钻井和地震剖面资料揭示了其印支期的构造特征：区内地层产状平缓，近东西走向的宽缓褶皱发育广泛，背斜核部主要为太古宇，向两侧地层逐渐变新；同时可见五条倾向南的逆冲断裂带，局部被后期走滑断裂错动，总体走向大致平行呈 NWW 向。其中五号桩逆冲断裂带垂直冲断距达 2km 以上，且伴随发育倒转褶皱，被下、中侏罗统煤系地层所覆盖。于福生等结合黄骅坳陷地球物理资料，揭示印支运动在该区的活动形成了"一隆两坳"的构造格局，即北部涧河、南部大港—徐杨桥两个大向斜和中部孔店大背斜，三者又组成一个大型复式背斜，组成它们的每一个次级向斜、背斜均为近东西向；同时，黄骅坳陷南区地震剖面揭示下—中侏罗统角度不整合覆盖在下—中三叠统或更古老地层之上，说明在印支期本区也受到近南北向的挤压。楼达等通过地震资料揭示出在黄骅坳陷内同样存在一系列呈 NWW 走向的叠瓦状逆冲断层。漆家福等（2003）对渤海湾及周边地区三叠系残留地层分布范围，显示渤海湾盆地内普遍缺失三叠系。

综上所述，印支早期华南板块向华北板块下持续俯冲碰撞，导致秦岭—大别造山带隆起，同时华北板块与东北地块群碰撞拼贴，华北板块南部处于北东向挤压应力场，北部处于南向挤压的应力场。期间郯庐断裂在大别造山带内形成，华北板块东部形成了 NWW 向逆冲断裂带和一系列 NWW 向排列的宽缓—紧闭褶皱，渤海湾地区出现基底卷入 NWW 向分布的隆—坳格局。

2. 印支晚期（T_3晚期—J_2）应力松弛

晚三叠世晚期，华北板块与东北地块群碰撞造山结束，开始进入造山后伸展的阶段，

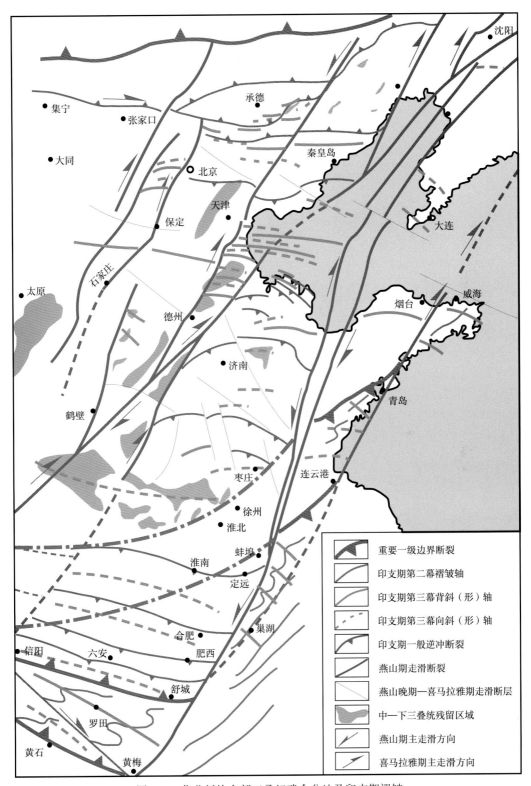

图例：

| | 重要一级边界断裂 |
| 印支期第二幕褶皱轴 |
| 印支期第三幕背斜（形）轴 |
| 印支期第三幕向斜（形）轴 |
| 印支期一般逆冲断裂 |
| 燕山期走滑断裂 |
| 燕山晚期—喜马拉雅期走滑断层 |
| 中—下三叠统残留区域 |
| 燕山期主走滑方向 |
| 喜马拉雅期主走滑方向 |

图 2-7　华北板块东部三叠纪残余盆地及印支期褶皱

15

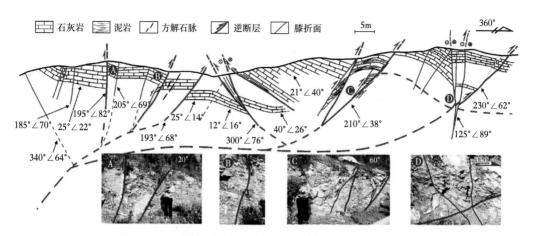

图 2-8 鲁西地区由南向北逆冲占主导的近 NWW 向断裂带

华北板块北缘东部出现碱性花岗岩和基性侵入岩组合，表明地壳开始拆沉（杨进辉和吴福元，2009），同时形成了一系列小型的裂陷盆地（图 2-9），但华北板块东部仍然处于隆升剥蚀阶段。三叠纪末期构造体制开始转换，古太平洋板块开始向欧亚大陆东缘下俯冲。早侏罗世地幔上涌导致华北板块内部整体抬升，同时在北部和南部边缘形成碱性玄武质岩浆。早侏罗世晚期—中侏罗世，岩石圈冷却可能导致华北板块整体沉降并形成了多个小型裂陷盆地。古太平洋板块高角度俯冲使华北板块东部形成了类似弧后伸展的构造背景。印支期北西向逆冲断层在这个时期发生反转，渤海湾西部地区沉积了大量的北西向展布的早—中侏罗世地层。以上说明华北板块东部在印支晚期处于应力松弛阶段。

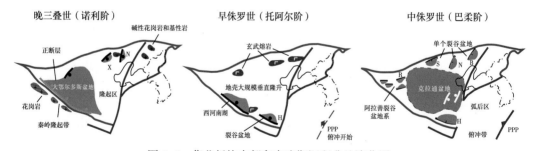

图 2-9 华北板块内部印支晚期沉积盆地演化图

二、渤海湾及邻区燕山期构造背景

"燕山运动"由著名地质学家翁文灏先生首创。他在 1926 年东京第三届泛太平洋科学大会上宣读了《中国东部造山运动》的论文，首次提出"燕山运动"一词，次年正式发表在中国地质学会会志上（翁文灏，1927）。翁文灏根据北京西山地区发现的侏罗纪髫髻山组火山岩不整合覆盖了其下部各个时代的地层，提出晚侏罗世发生了一次抬升事件，命名为"燕山运动"。翁文灏进一步将燕山运动划分为三期：侏罗—白垩纪之交为 A 幕，A幕地壳变动以垂向运动为主，地层宽缓折曲或坳曲，而局部的上下升降颇大；中间期表现为强烈火山喷发；早—晚白垩世之间为 B 幕，B 幕地壳变动以水平运动为主，在特别地带发生剧烈褶曲与逆冲推覆构造。随后根据砦髻山组底部的不整合面和张家口火山岩底部的不整合面的形成时代，提出了"燕山运动"不同的划分方案。赵越等（2002）将燕山运动分为早燕山期（J_1—J_2）、中燕山期（J_2—J_3）、晚燕山期（K_1—K_2）；黄迪颖（2015）根据古生物证据提出，燕山运动第一幕发生于 168Ma，燕山运动第二幕发生于 135Ma；董树文等将燕山运动分为三个构造期：挤压期（175—136Ma）、主伸展期（135—90Ma）、弱挤压期（89—80Ma）；Liu 等认为早期发生于 200—137Ma，中期发生于 136—101Ma，晚期发生于 100—67Ma；Wang 等的划分方案认为：早期（170—155Ma）以地壳缩短和挤压变形为主，中期（130—110Ma）以地壳侧向挤出和伸展变形为主，晚期（75—65Ma）以垂向隆升和地壳伸展为主。本书将"燕山运动"划分为三期，时间与董树文等的划分方案大致相同。

1. 燕山早期（J_2 末期—J_3 早期）挤压

燕山早期古太平洋板块以高速低角度向欧亚大陆东缘之下前进式俯冲，华北板块遭受 NNW 向的挤压作用，另外蒙古—鄂霍茨克洋在此期间发生闭合，华北板块北缘可能会受到来自西伯利亚板块的推挤作用。由于古太平洋板块 NNW 的俯冲作用，华北板块内部遍存在一期角度不整合事件，即原始定义的燕山运动 A 幕发生（赵越等，2010）。形成了不同方向的侏罗纪山脉，如阴山—燕山近 EW 向山脉、贺兰山近 SN 向山脉、大巴山 NW 方向的弧形山脉等。燕山和位于郯—庐断裂带东侧的胶辽地区，伴随晚侏罗世强烈变形，指示了下地壳卷入的厚皮构造特征。郯庐断裂带在中三叠世起源之后，在此期间首次复活，呈现为左行走滑。另外，华北板块出现了大量的 NNE 走向的压扭性断裂和褶皱构造（图2-10），表明渤海湾及邻区在燕山早期处于挤压的构造背景。

2. 燕山中期（J_3 晚期—K_1）伸展

大约从 145 Ma 开始，古太平洋板块由前进式俯冲转为后撤式俯冲，并在早白垩世（130—120Ma）东亚大地幔楔最终形成，导致了华北克拉通形变。早白垩世华北克拉通内部发生了大量的双峰式岩浆作用，形成了巨厚的玄武岩地层。这个时期发育大量的变质核杂岩，包括华南衡山变质核杂岩（136Ma）、华北云蒙山变质核杂岩（135—126Ma）和胶东鹊山变质核杂岩（135—105Ma）等。郯庐断裂带在早白垩世的活动普遍为左行张扭。该断裂带在这期间控制发育了一系列裂谷盆地，在华北克拉通上，沿断裂自南向北分别发育了合肥盆地、嘉山盆地、沂沭地堑、胶莱盆地、渤中盆地与辽河盆地（图 2-11）。除合肥盆地与胶莱盆地为半地堑式盆地外，其他断裂带内部发育的盆地主要为地堑式，特别是该断裂带山东段在早白垩世发育了四条平行且具有走滑分量的大型正断层，控制了沂沭地堑发育。另外，在这个时期华北板块东部沉积了大量的上侏罗—下白垩统（图 2-11），表明渤海湾及邻区在燕山中期主要处于伸展断陷阶段。

3. 燕山晚期（K_2）挤压

晚白垩世，大洋板块格局重组，新生的太平洋板块推动古太平洋板块向 NNW 快速运动，向西俯冲的分量对欧亚东部陆缘造成了一次区域性挤压事件，使早期形成的伸展断陷盆地发生不同程度的构造反转。另外根据朝鲜半岛、日本岛和中国东北延吉地区的磷灰石

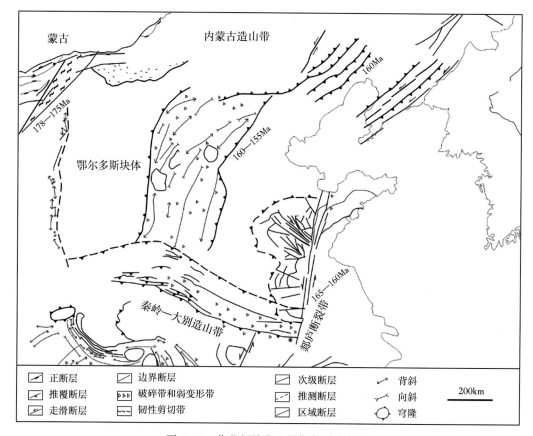

图 2-10　华北板块燕山早期断裂分布图

裂变径迹热史模拟结果，发现欧亚大陆东缘在 90—80Ma 经历了一场急剧抬升事件。Aoki 等重建了日本西南部不同时期的沟弧背景，认为日本岛两侧的海沟和东侧的火山活动前缘在 90—80Ma 发生了向陆方向的短暂迁移。沂沭地堑内上白垩统王氏组与下白垩统大盛群之间存在着角度不整合。这一地质事实表明，郯庐断裂带晚白垩世初发生了左行平移活动（朱日祥等，2012）。

三、渤海湾及邻区喜马拉雅期构造背景

新生代早期，印度欧亚大陆的俯冲碰撞，引起欧亚大陆之下的地幔流向东蠕变（李三忠等，2010）。太平洋板块相对于欧亚板块由 NNW 斜向俯冲转为 NWW 近垂向俯冲。中国东部地壳伸展，一系列的 NE 向断裂开始右行走滑。华北板块东部新生代的构造特征及动力学演化主要受右行郯庐张扭性断裂带和右行兰考—聊城—台安—大洼—法哈牛张扭性断裂带的控制（图 2-12）。这两条断裂带内古近纪早期以张扭作用下的裂陷为主，随后以伸展断陷为主，第四纪沿两断裂带局部发生挤压，而鲁西地块和渤海湾地区仍然为伸展正断。渤海湾盆地新生代构造和沉积中心迁移表现得极为明显，主要表现为自西往东，自南往北，其中古近纪表现为南部不断抬升，尤其是鲁西隆起，构造活动和沉积中心逐渐往北

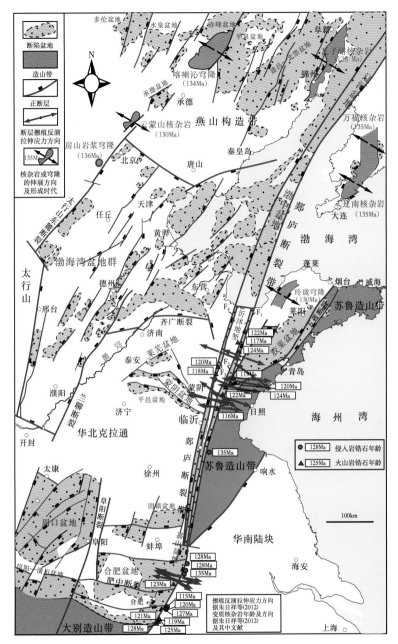

图 2-11　早白垩世郯庐断裂带及周边伸展构造图

迁移，即自惠民向东营、沾化、渤中迁移（李三忠等，2010）。沉积中心的迁移，符合渤海湾盆地右行走滑拉分的成因模式。

1. 新生代区域构造背景

新生代时期，东亚大陆进一步受西太平洋板块俯冲、印度板块和亚洲大陆的碰撞等周缘板块运动影响，中国大陆东部发生区域性裂陷成盆和构造反转，因此区域构造演化的构

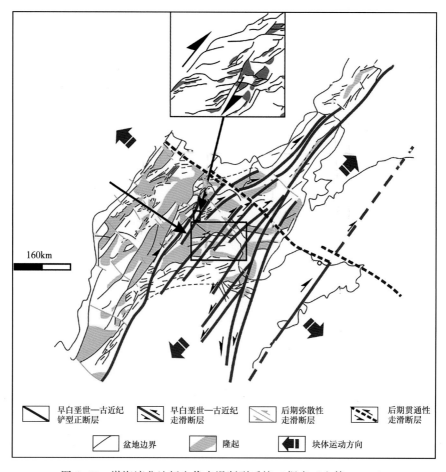

160km

| | 早白垩世—古近纪铲型正断层 | | 早白垩世—古近纪走滑断层 | | 后期弥散性走滑断层 | | 后期贯通性走滑断层 |

| | 盆地边界 | | 隆起 | | 块体运动方向 |

图 2-12　渤海湾盆地新生代走滑断裂系统（据李三忠等，2010）

造动力来源是多方面的，同一构造动力对不同地区的影响程度也会有所差异。从边界动力学条件分析，新生代时期印度板块、太平洋板块相对于中国大陆的相对运动会使大陆岩石圈发生区域构造形变，同时岩石圈深部地幔活动也可以导致上覆岩石圈发生形变。这种三维的动力学边界条件以及中国大陆内部的岩石圈结构是决定区域应力场的主要因素。

　　图 2-13 是综合新生代时期印度板块相对于中国大陆运动的研究成果和太平洋板块相对于中国大陆运动的研究成果简编的中国东部渤海湾盆地及周边区域构造动力背景示意图，以下作简要讨论。

　　古新—始新世，印度板块以 17cm/a 的速率高速向欧亚大陆俯冲，俯冲方向为 20°，而太平洋板块当时的俯冲方向为 NNE，俯冲速率不足 10cm/a，这种不对称的板块运动可能导致中国大陆软流圈向东蠕散拖曳岩石圈使之发生减薄（图 2-13a）。西太平洋边缘的大洋板块俯冲也可能诱导弧后扩张。这些综合的动力学原因导致中国东部在这一时期形成 NW—SE 向区域引张应力场，是诱导区域性裂陷作用的主要动力学因素。始新世，印度板块和太平洋板块等俯冲速率降低（图 2-13b），相邻板块运动对华北地区影响较弱，华北地区深部地幔柱作用加强（马杏垣等，1983），使软流圈物质沿着软弱带底辟上升并软化上覆岩石圈，造成其发生裂陷伸展（马杏垣等，1983）。

渐新世，太平洋板块从 W—NWW 方向以中等汇聚速率（77~90mm/a）向欧亚大陆俯冲，印度板块仍然保持上一阶段的俯冲汇聚速率和汇聚方向，即方向为 NE10°左右，速率为 40mm/a，特别是 30Ma 以来，菲律宾海板块和日本西南部相碰撞，以及日本海的裂开（图 2-13c），使渐新世、特别是晚渐新世渤海湾地区的裂陷作用逐渐衰减，相应地，郯庐断裂带等 NNE 向深断裂受日本海扩张派生的 NE—SW 向挤压影响而发生右旋走滑位移，使渤海湾盆地表现出主压应力轴为 NE—SW 或 NEE—SWW 向的复杂区域应力场特征。

古近纪末、新近纪初（28.5-19.5Ma），太平洋板块又以较高的会聚速率（69~106mm/a）从 W—NWW 方向俯冲于欧亚板块之下（俯冲角度较陡）（郭令智等，1983），印度—澳大利亚板块和菲律宾板块新近纪初（距今约 25Ma）的碰撞造成菲律宾板块大幅度顺时针旋转并向北快速运动，日本海开始大规模扩张，而此时印度板块向欧亚板块俯冲方向为 10°~30°，但汇聚速率较低，仅为 45~56mm/a，因此，这一地质时期研究区主要受太平洋板块和菲律宾板块以及日本海扩张的影响，中国东部区域上表现为 NEE—SWW 向挤压（图 2-13d）。

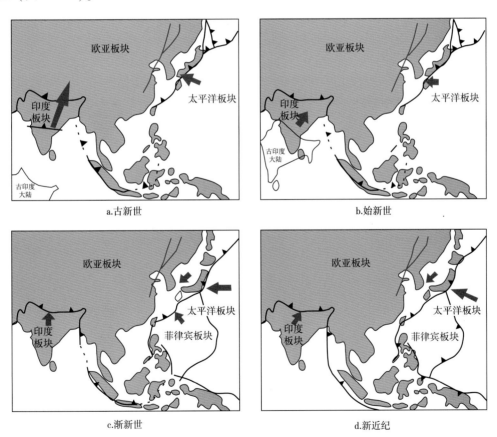

图 2-13　新生代欧亚板块大地构造背景分析图
图中箭头表示板块运动方向，长短表示板块运动的速率

2. 渤中凹陷晚期快速塌陷成坳机制

张性沉降通常是裂陷作用的结果。诸多研究表明，渤海湾盆地形成受控于古近纪的主动裂陷作用，同时，区域应力场诱导的大型构造体系（如郯庐断裂带等）对盆地的演化也具有重要影响，属于双动力源主导复合叠加盆地。

新生代重大岩石圈构造事件中，对渤海湾盆地起主导作用的是太平洋板块的俯冲作用。俯冲作用一方面促进深部地幔上拱及裂陷伸展；另一方面斜向挤压岩石圈，使其产生右行走滑的动力。走滑和伸展导致了新生代渤海湾盆地的地壳运动，也是渤海新生代地壳减薄、快速裂陷的最重要原因。

古近纪早期，华北克拉通东部地幔物质再次活跃。上地幔内部物质的运动导致岩石圈局部隆起，岩石圈因受力而向两侧伸展，使得地壳浅层产生断陷与坳陷（图2-14）。这直接导致两个结果：一是以裂陷作用为开端，新生代渤海湾盆地就此诞生，并以孔店组—沙四段为首套沉积物；二是作为区域伸展的均衡响应，岩石圈的厚度开始大幅减薄、热流值仍然较高，如济阳坳陷大地热流密度和古地温梯度值分别为 $65.8 \sim 73.8 \text{mW/m}^2$、$3.2 \sim 5.0℃/100\text{m}$；至古近纪晚期地壳厚度已减薄至 $30 \sim 38\text{km}$。早期裂陷作用及相应沉积地层的分布较为局限，远不及现今之广泛。如在渤海海域，仅在辽中凹陷、黄河口凹陷、莱州湾凹陷和青东凹陷有孔店组—沙四段，渤中凹陷此时尚未全面沉降。

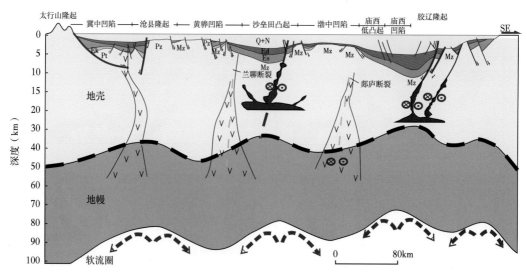

图2-14 渤海湾盆地深部地幔隆升与浅地壳伸展裂陷模式

另外，源于太平洋板块斜向挤压的走滑剪切是渤海海域新生代沉降成盆的又一动力源。太平洋板块俯冲方向发生多次转折变化：48—43Ma 为 340°；43—37Ma 为 305°；37Ma 至今为 285°。当俯冲方向与先存大型断裂（先存郯庐断裂带）的夹角呈锐角时，其夹持块体发生逃逸运动，并使得先期左旋的郯庐断裂带转为右旋走滑活动。因此渤海湾盆地的右行走滑构造系统大致始于始新—渐新世，在时间上晚于伸展动力系统。

走滑动力系统的加入，使得渤海湾盆地总体呈现出走滑拉分盆地的形态：由两组大型右行走滑断裂带及其夹持的、具有总体拉分性质的沉降区组成，与初始裂陷期的单主动裂谷的构造—沉积格局截然不同。

走滑主体拉分沉降区以走滑转换带形式存在，其拉分产生的伸展方向与拉分边界垂直。这种总体拉分作用是构造级别最高的、区域性的，因此拉分形态是区域的、总体的，而不是体现在每个凹陷或洼陷之中。但是其伸展应力却渗透至每个二级构造单元，与地幔上拱造成的伸展作用共同对岩石圈进行减薄。

通过详细分析盆地内部不同阶段构造几何学、动力学特征，构造—沉积演化特征，构造沉降史等重要信息发现，无论在新近纪的裂谷期还是在其后的裂后热沉降期，盆地演化实际具有鲜明的多旋回性叠加特征（图2-15），大致经历了五个构造演化阶段、三个构造演化旋回。这五个阶段分别是：

（1）始新世孔店组—沙三段沉积期的伸展拉张裂陷阶段（65—38Ma）。就整个渤海湾盆地来说，在新生代古新世早—中期普遍处于暴露剥蚀，而缺少同期地层沉积，至晚古新—早始新世开始沉降接受沉积形成孔店组，进入盆地断陷期。整体来说，盆地在沙四段沉积期和孔店组沉积期属于局部湖盆断陷期，沉积范围可能较局限。至沙三段沉积期，盆地进入全面断陷伸展，进入全盆地的广泛断陷期。全区表现为快速断陷，所有凹陷都表现出最强的断陷作用，各主断裂活动进入最强伸展活动期。强烈快速的断陷沉降在各凹陷形成半深湖—深湖沉积环境，相应沉积了一套巨厚的暗色泥岩，使该阶段为各凹陷主要烃源岩发育阶段。

（2）渐新世沙一段+沙二段沉积期的盆地第一裂后热沉降坳陷阶段（38—32.8Ma）。沙三段沉积结束后，全区普遍发育一不整合面，代表了一次重大的构造事件，这次构造事件在盆地演化中具有重要的转折意义。之后盆地的充填类型发生了明显变化，这种变化揭示沙一段+沙二段沉积不再具有典型断陷特征；沙一段+沙二段无论是沉积厚度还是岩性在全区均变化很小，特别是沙一段是以泥岩夹白云岩、生物灰岩为特征的"特殊岩性"段，全盆地可以追踪对比；沙一段+沙二段沉积期的盆地分布范围较下伏沙三段沉积时盆地分布范围广得多，湖盆以"水浅面广"为特征；沙一段+沙二段沉积期断裂活动微弱；沙一段+沙二段沉积前的裂陷一幕与其沉积后的裂陷二幕在盆地形成动力学体制上有显著变革，裂陷二幕走滑拉分的动力学机制十分强烈，而裂陷一幕上、下地壳的非均匀不连续伸展作用突出。这些特征都显示沙一段+沙二段沉积期盆地进入构造运动相对平缓的阶段，具有

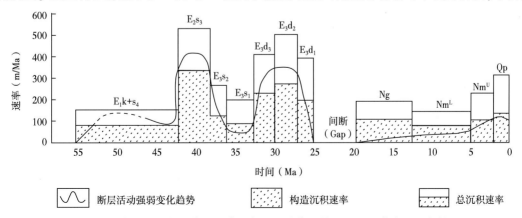

图2-15　渤海含油气区典型沉降和断层活动旋回特征图（以渤中地区为例）

明显的热沉降坳陷特征。

（3）渐新世东营组沉积期再次裂陷阶段（裂陷Ⅲ幕，32.8—24.6Ma）。东营组沉积期，全区进入强烈的断陷期，构造沉降速率再次变大，断层活动速率也相应增大；该期渤海也成为渤海湾盆地的断陷沉降中心，在渤海广泛发育深湖相，成就渤海独特的一套烃源岩。

（4）馆陶组至明下段沉积期的第二裂后热沉降阶段（24.6—5.1Ma）。东营组顶部发育一区域性不整合面，标志着古近纪裂陷期的结束，新近纪裂后热沉降坳陷期的开始，表现为距今24.6Ma以来大规模缓慢热沉降作用的发生。盆地充填整体表现为向心式广覆充填。

（5）明上段沉积期以来的构造再活动阶段（5.1Ma至今）。热沉降的中—晚期大约起始于距今5.1Ma，渤海又进一步快速沉降，而且辽东湾地区较渤海其他地区被波及的时间相对晚，相应以断层活动为代表的构造活动明显变强烈。一般将该期划分为盆地演化的一个新时期。经分析，这一坳陷期发生的构造变化动力来源于印度次大陆和欧亚大陆碰撞后的向北推挤（速度为5cm/a），由此造成距今5.4Ma青藏高原的大规模隆升，同时向东挤出，产生滑线场，并使华北地区处于近NEE向的水平挤压应力场中，同时伴随郯庐断裂的右旋走滑运动，产生典型的花状构造，并伴随上新统明上段以及第四系的沉积厚度中心的迁移变化。

上述五个演化阶段中，（1）（2）构成一个旋回，（3）（4）构成又一个旋回，（5）属于新构造演化旋回，目前还在进行中。沙三段沉积期（65—38Ma），可以再分为孔店组至沙四段沉积期和沙三段沉积期两个裂陷亚幕：Ⅰ$_1$幕与Ⅰ$_2$幕（表2-1），随后是沙二段至沙一段沉积期的裂后热沉降坳陷幕（38—32.8Ma），第二裂陷幕发生于东营组沉积期（32.8—24.6Ma），接着是更大强度的区域热沉降和新构造再活动。这种多幕裂陷的盆地演化特征在沉积充填演化和断层活动的旋回性上同样表现得十分清楚。

表2-1　渤海含油气区构造演化阶段划分

地层	年龄（Ma）	盆地构造演化幕	构造沉降速率（以渤中地区为例）	层序地层序列		盆地成因动力学机理
				层序组	层序	
Q_P	2.0	新构造活动幕	60m/Ma	Ⅵ	Ⅵ-B	新构造近EW向挤压伴随右旋走滑扭动
N_1m^U	5.1		40m/Ma		Ⅵ-A	
N_1m^L	12.0	第二裂后热沉降幕	30m/Ma	Ⅴ	Ⅴ-C	岩石圈热沉降
N_1g^U	20.2		50m/Ma		Ⅴ-B	
N_1g^L	24.6		50m/Ma		Ⅴ-A	
E_3d_1	27.4	裂陷Ⅱ幕	100m/Ma	Ⅳ	Ⅳ-D	右旋走滑拉分伴随幔隆和上、下地壳的非均匀不连续伸展
E_3d_2	30.3		100m/Ma		Ⅳ-C，B	
E_3d_3	32.8		190m/Ma		Ⅳ-A	
E_3s_{1+2}	38.0	第一裂后热沉降幕	80m/Ma	Ⅲ	Ⅲ-B，A	岩石圈热沉降
E_2s_3	42.0	裂陷Ⅰ$_2$幕	220m/Ma	Ⅱ	Ⅱ-C，B，A	NNW—SSE方向的拉张伸展伴随幔隆
E_2s_4—K	65.0	裂陷Ⅰ$_1$幕	150m/Ma	Ⅰ	Ⅰ-C，B，A	
Pre-Ter		前第三系基底				

在不同的构造旋回阶段，渤海湾盆地的沉积沉降中心是不一致的，表现出明显的时空迁移性。首先从渤海来看，根据地震剖面计算的断层生长指数和各阶段沉积沉降中心变化规律，发现渤海的断陷强度和沉积中心从古近纪到新近纪有从盆地边缘向盆地中心渤中凹陷逐渐迁移演化的趋势。渤海古近系沙三段—孔店组沉积期，其周边地区的断层生长指数明显比渤海中部地区高；而东营组和新近系的断层生长指数则相反，渤海中部明显比其周边地区的断层生长指数要高，说明从东营组沉积期开始，渤海的构造的活动中心明显向渤海中部迁移。

纵观整个渤海湾盆地，它自中生代末期开始形成，以北部燕山、西部太行山、南部鲁西隆起为控盆边界。从周边陆区向海域，沉积中心和沉降中心发育时期、构造运动和断裂活动时代都有由老变新的趋势。可见，渤海海域是渤海湾盆地构造发展迁移的收敛中心。

新生代渤海湾盆地构造—沉积演化过程清晰地揭示了沉积沉降中心的迁移史。裂陷Ⅰ幕中，受地幔上拱形成的主动裂陷主导，在渤海湾盆地沿着 NNE—NE 向断裂和 NW—NNW 向断陷带形成一系列断陷湖盆。渤中凹陷位于渤海湾新生代盆地区中部，其大部分地区并未参与裂陷作用（图 2-16）。

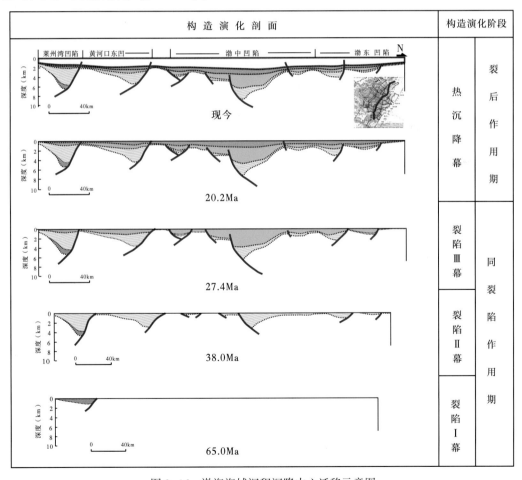

图 2-16　渤海海域沉积沉降中心迁移示意图

裂陷Ⅰ幕结束后，经短暂的构造隆升后，渤海湾盆地立刻进入范围和规模更大的裂陷Ⅱ幕。在第一次裂陷的"断—坳型"盆地基础上，演化成为典型的断陷型盆地，前期多个孤立小湖盆相互连接，彼此串通联合成较大的断陷湖盆。与此同时，郯庐断裂带有开始右行走滑运动的趋势，其影响力亦逐渐开始形成。

　　与裂陷Ⅰ幕类似，裂陷Ⅱ幕在主沉降期结束后，亦经历了短暂的抬升，造成沙三段顶部广泛发育平行不整合和微角度不整合。随后渤海湾盆地进入相对构造平静期，控沉断层仍然活动但其影响力已大大减弱，沉积的沙一段+沙二段总体厚度稳定，且以亚平行层序为主。

　　裂陷Ⅲ幕大致于渐新世开始，此时郯庐断裂带的右行走滑活动已全面进行，地幔作用的主动伸展与右行走滑拉分形成的被动伸展作用共同促使渤中凹陷沉降，致使其沉降速率与幅度比前期显著增大，渤中凹陷主洼沉积地层厚度超过 3500m。

　　渐新世末期渤海湾盆地的裂陷作用基本结束，相应发生区域隆升而使古近系遭到不同程度的剥蚀，形成广泛的区域性不整合面。新近纪以来，整个渤海湾盆地区由断陷转为坳陷阶段。随着坳陷作用的持续进行，渤海湾盆地的沉积中心收敛至渤中凹陷，该阶段沉积厚度可达 3000m，渤中 19-6 构造区平均沉积厚度为 2600m。

第三章 环渤中地区中—新生代构造特征与演化

第一节 环渤中地区断裂体系与构造特征

中—新生代以来，受印支期华南和华北板块碰撞、燕山期古太平洋板块以不同角度向欧亚板块下俯冲以及喜马拉雅期太平洋板块俯冲和印度—欧亚板块碰撞远程效应等多期构造运动的叠加改造影响（侯贵廷等，2001；李三忠等，2010），渤海湾盆地环渤中地区断裂极其发育，断裂形态及展布样式复杂多样，在平面和剖面上有不同的组合特征，本书根据断裂的发育演化期次，将断裂体系分为印支期断裂体系、燕山期断裂体系和喜马拉雅期断裂体系，并分别对其平面和剖面特征加以具体阐述。

一、印支期断裂体系与构造特征

1. 印支早期（T_1—T_3 早期）

印支早期华南板块与华北板块东缘和南缘自东向西剪刀式闭合，导致古特提斯洋逐渐闭合，华北华南板块逐渐变成统一大陆（李三忠等，2010）。此时，整个华北南缘遭受 NE—NNE 向挤压，形成了一系列由南向北推覆的褶皱和逆冲断裂体系。环渤中地区此时遭受的应力方向主要为 NNE—SSW 向挤压，故印支期断裂整体主要表现为 EW 向或 NWW 向南倾的逆冲断层。此类断裂大小不一，在环渤中地区广泛发育，整体呈平行或近平行展布。其中，规模较大的断裂多发育于渤中凹陷西部、西北部和西南部的潜山南缘（如石臼坨凸起南部和沙垒田凸起南部的大型逆冲断裂）和潜山内部，通常横向延伸较远；而渤海东部，因遭受后期燕山运动和喜马拉雅运动叠加改造影响，印支期断裂原始产状特征已较难识别，仅在渤中凹陷东部及东北部较为发育，且规模相对较小，横向延伸不远（图 3-1）。

结合残余地层分布与走向以及印支期断裂体系，渤海海域主要发育三大印支期逆冲构造体系，分别位于渤中西南环、石臼坨凸起区以及辽东湾区域。这三大区域以渤中西南环最为典型，逆冲强度最大，NWW 向断裂最为密集；石臼坨凸起区逆冲作用较弱，少有太古宇出露，但古生界残余地层以 NWW 向分布为主，且研究区发育大量的 NWW 断裂；辽东湾逆冲体系受后期走滑改造强烈，但潜山内幕大量的 NWW 向断裂仍指示该区印支期发生过强烈的逆冲作用（图 3-2）。

在地震剖面上该期逆冲断裂通常倾角为小到中等，且上盘地层越靠近主断裂，遭受抬升和变形的程度通常越高，也就越易于遭受剥蚀，因而残存的地层通常会向主断裂处逐渐减薄，而在后期负反转作用下易于形成典型的薄底构造。就研究区而言，在印支期挤压逆冲作用下，逆冲断层上盘的古生界广泛遭受剥蚀，并在燕山期和喜马拉雅期负反转作用

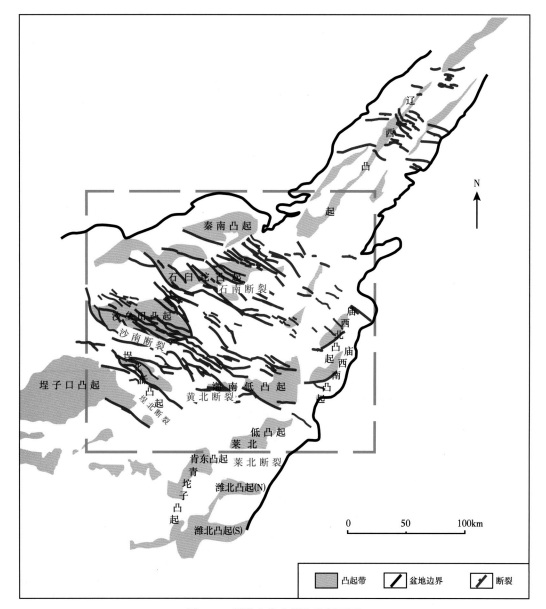

图 3-1　环渤中印支期构造纲要图

下，形成了明显的薄底构造，如埕北低凸起、沙垒田凸起、石臼坨凸起等。古生界都具有明显的薄底现象（图 3-3，图 3-4，图 3-5，图 3-6）。

　　由埕北低凸起至沙垒田凸起南缘的 NE 向剖面显示，沙南断裂倾角较小，其上盘古生界自西南部的埕北凹陷南缘，向东北至沙南凹陷逐渐减薄，而中生界，尤其在沙南凹陷具有相反的趋势，说明该处古生界沉积后，印支早期，沙南断层遭受挤压逆冲作用，导致其上盘隆升剥蚀；鉴于该处古生界之上发育下—中侏罗统，说明该断层在印支晚期曾因应力松弛，产生负反转（图 3-3）。

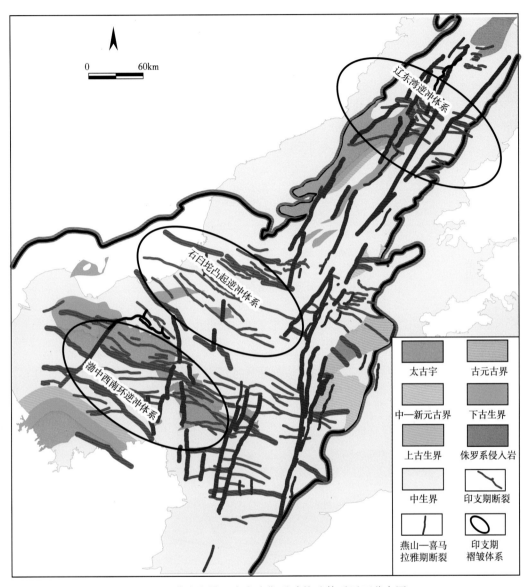

图 3-2　渤海海域三大印支期逆冲构造体系平面分布图

　　在石臼坨凸起最南端，从渤中凹陷西北部到石臼坨凸起的 NE 向剖面上，同样可见断层上盘的古生界自西南向东北逐渐减薄，中生界无明显减薄现象，即该处 NW 向逆冲断裂也是印支运动早期产生的断裂，且在印支运动后期的应力松弛阶段，也发生负反转沉积了中生界（图 3-4）。

　　在石臼坨凸起最东端的 428 构造，从渤中凹陷北部到石臼坨凸起的 NE 向剖面上，同样可见石南断裂上盘的古生界自西南向东北逐渐减薄，即该处石南断裂也是印支运动早期产生的断裂，且在印支运动晚期应力松弛时同样发生负反转并沉积中生界（图 3-5）。

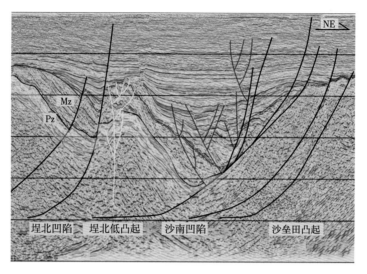

图 3-3　环渤中印支期断裂活动证据

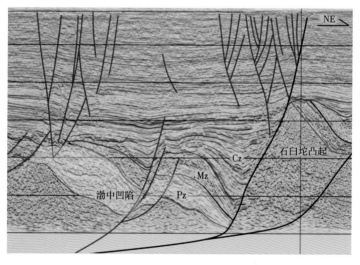

图 3-4　环渤中印支期断裂活动证据

2. 印支晚期（T_3 晚期—J_2）

印支晚期古特提斯洋已经完全闭合，由于造山后期的伸展作用和大量基性岩浆的上涌，使得渤海湾盆地处于区域伸展阶段。在环渤中地区埕北凹陷内（图 3-6），石臼坨凸起东端（图 3-7），有较为明显的印支运动晚期应力松弛的证据。

在埕子口凸起东北部，埕北低凸起西南部的埕北凹陷内，从埕子口凸起向东北到埕北凹陷最低处的 NE 向剖面上，断裂上盘可见下—中侏罗统与下伏古生界呈角度不整合接触，同上覆白垩系同样呈角度不整合接触，这表明埕北低凸起西南缘的断裂在沉积侏罗系之前就已经反转为正断层，并在中生代控制了下—中侏罗统的沉积（图 3-6）。

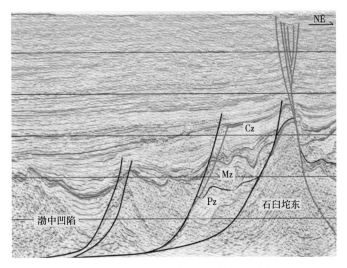

图 3-5　环渤中印支期断裂活动证据

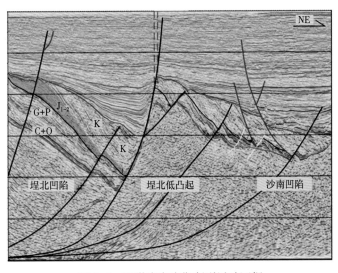

图 3-6　环渤中印支期断裂活动证据

位于石臼坨东端的 428 东潜山其西侧石炭—二叠系与太古宇直接接触，缺失了寒武—奥陶系（图 3-7），其形成具体过程为：印支运动早期产生逆冲断裂并导致 428 东潜山东侧上覆石炭—二叠系遭遇一定量的剥蚀，在印支运动晚期该断裂由于应力松弛发生负反转，沉积下—中侏罗统。燕山运动早期在 428 东潜山西侧产生新的逆冲断裂，使得上部下—中侏罗统和古生界全部被剥蚀，同时，部分太古宇潜山被剥蚀。燕山运动中期伸展阶段，该断裂反转使得部分石炭—二叠系直接与在 428 东潜山西侧太古宇以断层接触，其上发育白垩系，燕山运动晚期的挤压使得 428 东潜山最高点的全部白垩系和部分古生界被剥蚀，喜马拉雅运动阶段整个潜山开始接受新生界沉积，最终形成了石炭—二叠系直接与太古宇相接触的结果。

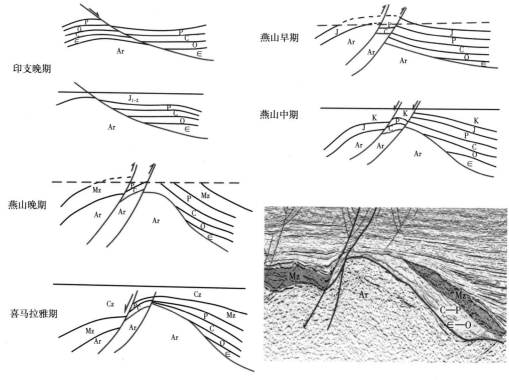

图 3-7　428 东构造演化模式图

综合上述分析，印支期断裂在剖面上整体具有以下特征：多发育于潜山边界，切穿古生界，上盘残留的古生界可有不同程度的减薄现象；断裂常常后期复活切穿至新生界，向下可切入基底潜山；在印支运动早期产生，印支运动晚期部分因应力松弛反转，多数在印支运动后期继续活动，可能经过多期反转；从上向下倾角逐渐变小，在潜山内较深的位置多条印支期逆冲断裂可汇聚成一条低角度大型拆离断层。渤海海域内前人研究提出的NWW 向张家口—蓬莱断裂，其形成机制和原因虽众说纷纭，但有大量学者认为其雏形的形成和印支运动密切相关（李三忠等，2010）。

二、燕山期断裂体系与构造特征

燕山期（J_2—K_2），受古太平洋板块以不同角度向欧亚板块下俯冲和深部地幔上涌的影响，华北板块东部整体受到 NW—SE 向挤压或弧后伸展应力影响（侯贵廷等，1998；Cao 等，2015；张健，2015；胡贺伟等，2016），环渤中地区在燕山期的应力场方向为 NW—SE 向。在渤海湾盆地内燕山期断裂整体呈 NNE 向，倾向不一，大小不一，呈平行或近平行展布。在环渤中地区燕山期断裂分布广泛，多发育于渤中凹陷东部、北部和东南部，延伸较远，在渤中凹陷东部有延伸超过数百千米的大断裂（图 3-8）。渤中凹陷西部及西北部的燕山期断裂分布较少，多为规模较小的断裂，部分保留明显的燕山期左行特征（如渤中凹陷西北侧的沙垒田凸起及东南侧的渤南低凸起）（图 3-8）。在凹陷内部和潜山边界发育较多，潜山内的燕山期断裂较少，在平面上部分地区断裂可呈雁列式排列（渤中凹陷西南部），在渤中凹陷内部由于地震反射不清楚，断裂的形态相对较难识别。

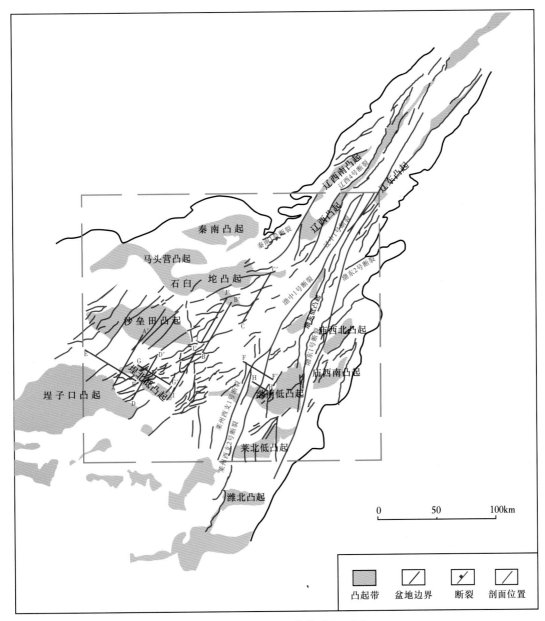

图 3-8　环渤中燕山期构造纲要图

　　地震剖面上，燕山期断裂呈现"Y"字形构造或花状构造（图 3-9，图 3-12），倾角大小不一，断裂上盘古生—中生界可遭受不同程度的剥蚀，以此作为识别燕山期断裂活动的标志，如埕北低凸起，渤东低凸起北部等位置均可见不同表现的燕山期断裂。

1. 燕山运动早期（J₂晚期—J₃）

燕山运动早期，受古太平洋板块以 NNW 向低角度俯冲于欧亚板块之下影响，整个华北东部遭受 NW 向的挤压增厚，形成大量的 NNE 向压扭型走滑断裂构造，同时，有些印支期的 NW 向断裂发生反转，下—中侏罗统发育薄底构造（图 3-10）。这期形成的断裂，在燕山中期、燕山晚期及喜马拉雅期大多数发生多次复活和反转。

在渤中凹陷西部，沙南凹陷—埕北低凸起—埕北凹陷一带的 NW—SE 向剖面上（图 3-9），可见侏罗系背斜顶部遭受剥蚀减薄，而向斜核部加厚，上覆下白垩统，二者呈角度不整合接触，表明该处在燕山运动早期曾遭受 NW 向挤压，促使侏罗系发生褶皱，顶部遭受剥蚀减薄。

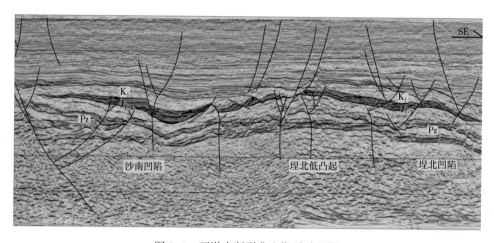

图 3-9　环渤中断裂燕山期活动证据

在渤中凹陷西部，埕子口凸起向东北到埕北凹陷最低洼处的 NE 向剖面上（图 3-10），可见断裂上盘的下—中侏罗统靠近断裂处发生明显减薄，与上覆下白垩统呈角度不整合接触，反映了侏罗系沉积后遭受隆升剥蚀之后又反转的历史，表明此处的 NW 向逆冲断层在燕山运动早期逆冲，燕山中期曾发生反转，导致下—中侏罗统靠近断裂处遭受抬升剥蚀后再沉降。

2. 燕山运动中期（J₃—K₁）

燕山运动中期古太平洋俯冲后撤和整个古太平洋板块深部的拆沉作用，导致欧亚大陆东缘发生伸展减薄，此时渤海海域整体发育下白垩统。燕山中期，不仅燕山早期 NE 向走滑断裂再活动形成 NE 向断陷盆地，而且原来印支期 NW 向的断裂也重新活动反转形成断陷。断裂上盘的下白垩统向 NW 向断裂逐渐加厚，下伏下侏罗统向断裂处逐渐减薄（图 3-10），说明该断裂在早白垩世发生负反转，形成 NW 向断陷，导致下白垩统加厚。

在渤中凹陷南缘，渤南低凸起北部的 SE 向剖面上（图 3-11），可见下白垩统沿 NE 向断裂发育，且在断裂上盘的下白垩统向断裂处逐渐增厚，形成一系列断陷盆地，表明该处的一系列 NE 向断裂在早白垩世是处于伸展环境，进而控制了下白垩统的沉积。

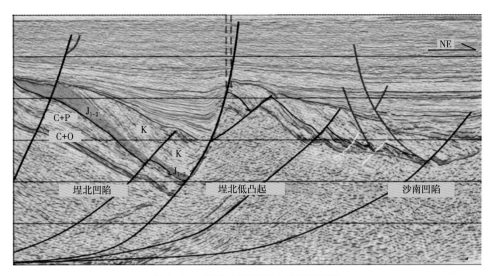

图 3-10　环渤中断裂燕山期活动证据

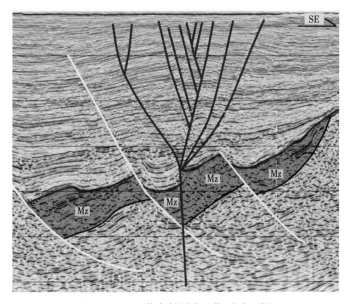

图 3-11　环渤中断裂燕山期活动证据

3. 燕山运动晚期（K_2）

　　燕山运动晚期受古太平洋板块 NNW 向挤压的影响，华北东部的上白垩统遭受抬升剥蚀。在渤中凹陷西南部，埕北低凸起北侧的 SE 向剖面上（图 3-12），可见下白垩统整体表现为背斜形态，两侧厚中间薄，其上被新生界直接覆盖，未发育上白垩统，表明该处在晚白垩世曾遭受过北西向挤压，导致背斜顶部遭受剥蚀。

　　在渤中凹陷南部，渤南低凸起北缘的 SE 向剖面上，可见古生界和中生界具有明显的逆冲特征，上白垩统缺失且下白垩统有明显的削截特征，说明该处沉积下白垩统之后，在晚白垩世遭受了抬升剥蚀，而后沉积新生界。

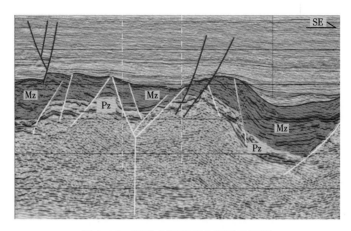

图 3-12　环渤中断裂燕山期活动证据

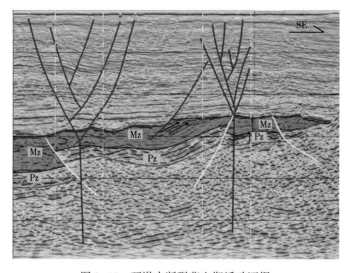

图 3-13　环渤中断裂燕山期活动证据

　　总体上，燕山期断裂相对于印支期断裂在剖面上规律性较差，在潜山边界和盆地内部都有发育，部分向下切穿古生界至潜山，向上可切穿至新生界，NW 向的燕山期断裂原印支期断裂后期继续活动。需要注意的是，燕山期新生断裂都为 NE—NNE 向，在走滑断裂带之间，常形成次级的近 NS 向和 EW 向的断裂构造，而且空间上呈雁列式排列，称之为带间雁列构造，对潜山具有强烈的破碎改造作用，有利于形成储层。

三、喜马拉雅期断裂体系与构造特征

　　华北东部在喜马拉雅期受太平洋板块俯冲和印度—欧亚板块碰撞远程效应的综合影响，渤海湾盆地处于右旋张扭应力场中。喜马拉雅期断裂以 NE—SW 向为主，倾向不一，倾角多数较大，广泛分布于环渤中各个地区，规模较大断裂发育于渤中凹陷东部和东北部，西部的断裂规模相对较小，喜马拉雅期的新生断裂多数较小，在平面上可形成典型的走滑雁列构造、马尾状构造等（图 3-14），多数新生界断陷边界都是印支期和燕山期的断裂再次伸展形成。

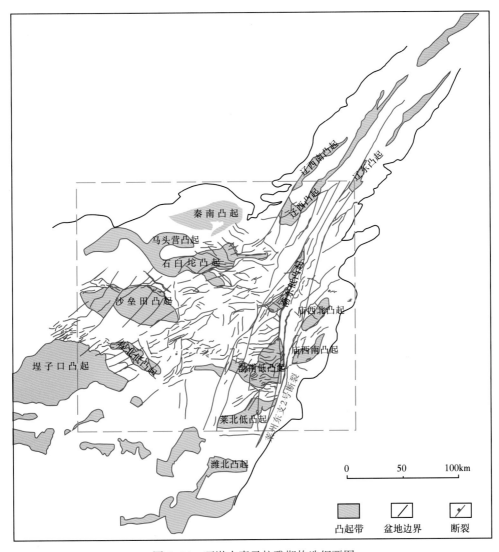

图 3-14　环渤中喜马拉雅期构造纲要图

　　结合前人研究成果，依据断裂层位、断裂与各构造层的关系及断裂的活动时间，将环渤中地区的喜马拉雅期断裂分为四类：早期伸展断裂、中期走滑伸展断裂、晚期走滑断裂和长期活动断裂（图 3-15）。

　　早期伸展断裂是喜马拉雅早期的 NW—SE 向和近 EW 向的拉张应力下产生的，走向多为 NE 向和近 EW 向，也有少量 NW—NWW 向断裂，起到在 NE—NEE 向断裂系统中转换断层的角色。早期伸展断裂主要发育于 T_8—T_5 反射界面之间，即主要发育在沙河街组的沙三段、沙四段和孔店组，作为同沉积断层控制沙三段、沙四段和孔店组的沉积。

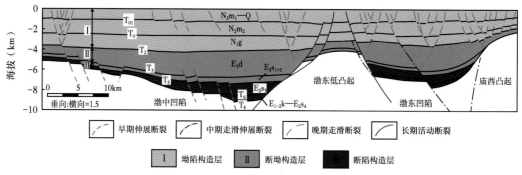

图 3-15　环渤中地区喜马拉雅期断裂划分方案

中期走滑伸展断裂是在右旋走滑应力占优势的区域构造应力场的作用下形成的，主要走向为 NNE 和 NW—NWW，可形成共轭剪切关系，但以 NNE 向断裂占主导，主要证据有渤南凸起和沙垒田凸起被 NEE 向断层错开，并保留有明显断距。部分继承原有早期伸展断裂，继续发生右旋剪切活动，主要发育于 T_5—T_2 反射层之间，即发育在东营组、沙一段和沙二段。

晚期走滑断裂主要走向同为 NNE、NE 和近 EW 向，发育于 T_2 反射界面之上，即主要发育在第四系—馆陶组之间，在较大的主走滑断裂附近明显发育，该类断裂可在剖面上形成典型的花状构造（图 3-16，图 3-17），在平面上可形成雁列状构造，主断裂较大，各次级断裂多数都发育于主断裂上盘，在 T_3 以下收敛于同一条主断裂，由于大部分这一类断裂向上都穿过了 T_{01} 反射层（明化镇组），故推测该类断裂可能在明化镇组沉积晚期就开始活动。

长期活动断裂，由新生界以下的基底内向上继续发育，多数向上穿过 T_2 反射层，该类断裂在不同时间有不同的运动形式，即在早期可能作为控制沉积的断裂，后期可能只发生右旋走滑，作为花状构造的主走滑断裂。主要发育于潜山凸起边缘、郯庐断裂带等位置，该类断裂对油气的运移和构造发育起着基础的控制作用，是环渤中地区油气成藏的主控断裂。

从跨越辽西凸起—渤东凹陷—庙西南凸起的 NS 向大剖面上可以看出（图 3-16），喜马拉雅期断裂普遍倾角较大，多数小断裂没有切穿新生界，较大断裂可切穿潜山顶面，断距较小，反映了新生代以走滑伸展为主的区域构造背景，平面上的雁列状构造在剖面上可能表现为典型的负花状构造和"Y"字形构造，间距较小，多条成簇出现，向下汇聚成一

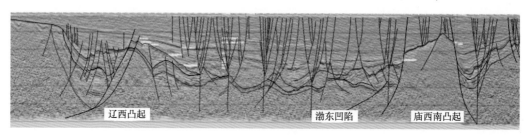

图 3-16　喜马拉雅期断裂典型剖面

条近直立的主断裂。浅层断裂对沉积的控制作用较小，中生界与新生界分界线附近的新生代断裂对沉积的控制作用较为明显。

从跨越沙垒田凸起—渤中凹陷—渤东低凸起—渤东凹陷—庙西北凸起的 WE 向大剖面上来看（图 3-17），以 T_2（馆陶—东营组）为界，向上浅层断裂较多，向下深层断裂相对较少，喜马拉雅期断裂多分布于渤中凹陷两侧的各个凸起和凹陷上，渤中凹陷内的喜马拉雅期断裂相对较少。

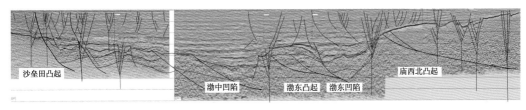

图 3-17　喜马拉雅期断裂典型剖面

因渤海湾盆地内最大的郯庐断裂在新生代活动十分强烈，故新生代有很大一部分新生断裂是郯庐断裂的派生断裂，同样具有典型的走滑拉伸特点。其深部形态有连续型和断续型，浅部形态有连续型，R 剪切雁列型，T 断裂雁列型（图 3-18）。

深部形态		浅部形态		
连续型	断续型	连续型	R剪切雁列型	T断裂雁列型

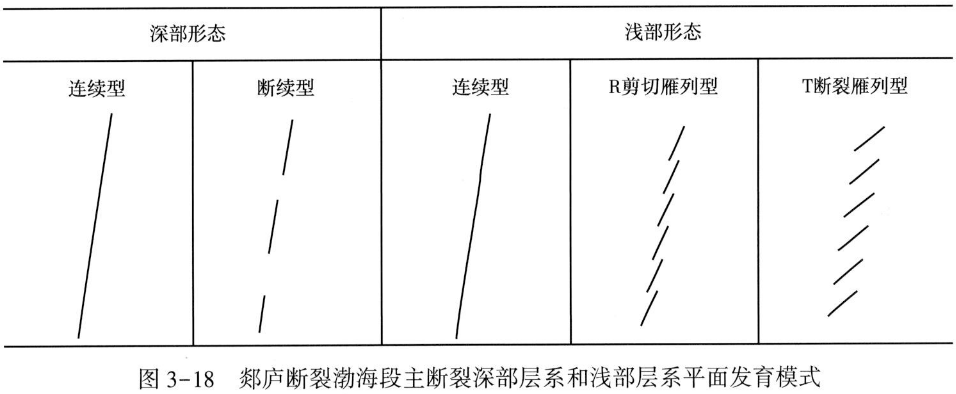

图 3-18　郯庐断裂渤海段主断裂深部层系和浅部层系平面发育模式

就单支断裂的平面形态而言，可分为两类，一类是尾端特征，另一类为内部形态。研究表明，研究区尾端形态包括两种，一种是平直型，另一种为单弯曲型。根据尾端偏转的方向又可把后者分为左单弯曲型和右单弯曲型。断裂的内部形态也是如此，分为平直型和左、右双弯曲型（图 3-19）。由上述郯庐断裂剖面和平面特征分析可知，郯庐断裂渤海段并非单一连续的断裂，而是由多条分支断裂组成的断裂带，不同分支断裂尾端和内部的形态都有差异。

如图 3-20 中，辽中 1 号断裂南段的北部尾端近于平直，而辽中 1 号断裂中段南端、旅大 16 号断裂的北端都为右单弯曲型，中央走滑断裂北段的北端和旅大 21 号断裂南端则为左单弯曲型。单支断裂的内部形态也是如此。图 3-20 中渤东 1 号断裂向北至辽中 1 号断裂南段，由左双弯曲变为平直段又变为右双弯曲。中央走滑断裂的南段以及渤东 2 号断裂也表现出了左双弯曲的形态（图 3-20）。

尾端形态			内部形态		
平直型	右单弯曲型	左单弯曲型	平直型	右双弯曲型	左双弯曲型

图 3-19　单支断裂平面形态

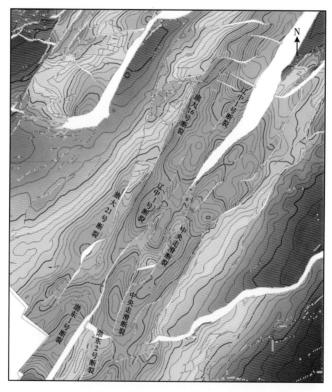

图 3-20　郯庐断裂渤海段分支断裂局部形态和组合特征

以上尾端或断裂内部的平直或弯曲形态，尤其是各类单/双弯曲构造，沿郯庐断裂各分支主断裂十分常见，为郯庐主位移带走滑所导致的局部应力集中提供了条件，而且不同部位、不同方向的弯曲派生的局部应力性质也有差异，这为不同类型尾端和弯曲走滑派生构造的形成提供了条件。

第二节　环渤中地区构造分区

对于渤海湾盆地的构造划分，前人已有多种划分方案：按隆坳格局划分、按海域波动单元划分以及按潜山分布规律划分等。本研究依据环渤中地区印支期、燕山期、喜马拉雅期断裂展布范围、发育强度、对基底潜山改造程度和基底隆起展布等综合构造特征，提出"两隆夹一坳"的构造分区方案（图3-21）。

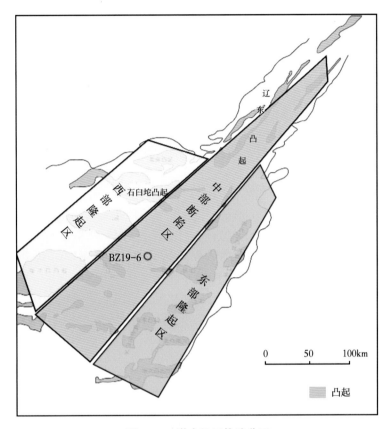

图3-21　渤中地区构造分区

　　西部隆起区位于渤海湾海域西南部。该区域内分布着渤海海域内较大的凸起，包括埕子口凸起、沙垒田凸起、石臼坨凸起、秦南凸起；凹陷包括埕北凹陷、沙南凹陷和秦南凹陷。区内保留有较完好的印支期NWW向隆坳格局，环渤中地区的大型印支期NW—NWW向断裂多分布在该分区内，也保留有部分燕山期活动的痕迹。总体特征是保留有较完好的NW—NWW向印支期大规模基底潜山隆起，受燕山期和喜马拉雅期构造改造比较弱。

　　中部断陷区包括渤海湾海域内渤中凹陷中部和东北部的辽东湾。该区域内印支期断裂总体呈NWW—EW向展布，NE—NNE向断裂广泛分布，经历过多期的走滑拉张—压扭旋回。区内没有大型基底潜山发育，多为小型低矮潜山，潜山总体走向在西侧为NWW向，在东侧和南侧以EW向为主，这些潜山经历多期构造活动的叠加破坏和改造，喜马拉雅期强烈沉降，潜山内部破碎强烈，油气藏勘探潜力巨大。

　　东部隆起区位于渤海海域内东部及南部，包括渤南低凸起、莱西北凸起、庙西北凸起和庙西南凸起等中型潜山，区内印支期断裂总体走向为EW—NEE向，基底潜山隆起主体呈EW—NE—NNE向展布。区内燕山期和喜马拉雅期NE向走滑断裂非常发育，位移量大，使原有印支期隆起经历走滑断裂切割和逆时针转动。

总体上看，环渤中地区西部隆起区以保留有较完好的印支期形成的大型基底潜山构造为主要特征，受后期燕山期和喜马拉雅期构造叠加改造较弱，保留下—中侏罗统，缺失白垩系；中部断陷区是遭受燕山期和喜马拉雅期构造叠加改造最强烈的区域，带间雁列构造发育，基底潜山低矮，内部破碎强烈，缺少下—中侏罗统，保留白垩系；东部隆起区则表现为强烈的燕山期和喜马拉雅期大位移量走滑，基底潜山被切割成中小块体，并伴有一定的逆时针转动，但是，潜山内部破碎程度比中部断陷区弱，缺少下—中侏罗统，保留白垩系。

第三节　环渤中地区中—新生代构造演化

进入中生代，尤其是印支运动以来，由于渤海湾盆地特殊的构造位置，使得渤海湾盆地成了整个华北板块破坏最为强烈的场所。印支运动早期阶段华南华北板块完成闭合，NNE 向强烈的挤压应力使环渤中地区出现以 NW—NWW 向为主的太古宇基底卷入的逆冲断层相关褶皱隆起构造（图 3-22），形成了环渤中地区隆坳相间格局，潜山隆起在西部隆起区内为 NW—NWW 向展布，如埕子口凸起、埕北低凸起、沙垒田凸起和石臼坨凸起等大型潜山凸起。在中部断陷区潜山隆起总体为 NWW—EW 向展布，如 19-6 构造、渤南低凸起。在东部隆起区潜山则呈 EW—NEE 向展布。总体上从西部隆起区、中部断陷区到东部隆起区构成一个向南突出的弧形基底潜山分布格局，这是由于华南板块北缘原来就是一个从 NW 向秦岭—大别山到 NE 向苏鲁带的弧形边界（图 2-2），与华北板块碰撞时导致环渤中地区印支期基底潜山隆起呈弧形展布特征。

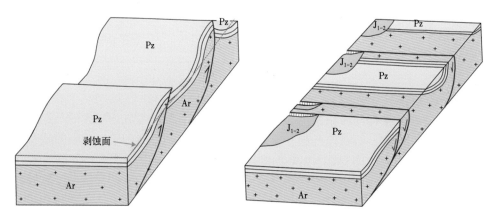

图 3-22　环渤中印支期构造演化模式图

印支运动晚期，自晚三叠世至中侏罗世，华北板块周缘都有不同程度的应力松弛，部分地区有基性岩浆上涌导致的坳陷和伸展断陷的形成，到中侏罗世，华北板块内部整体坳陷沉降，形成凹陷盆地（图 2-9）。在渤海海域内，下—中侏罗统主要发育在环渤中西部地区和北部地区（图 4-9），呈 NW—NWW 向展布，这是因为此时应力松弛的背景使得原有 NW 向逆冲断层发生负反转，导致渤海海域西部沉积下—中侏罗统，环渤中东部地区则相对隆升。

　　燕山运动早期，受古太平洋板块向欧亚板块下俯冲的影响，环渤中一带处于左旋压扭的应力场中，导致部分早期沉积的下—中侏罗统隆升剥蚀，此时新产生的 NE—NNE 向断裂切穿原有的 NWW 向断裂和潜山隆起构造（图 3-23），对中部断陷区和东部隆起区内的潜山产生强烈的叠加改造作用，沙垒田凸起西北侧和渤南低凸起西侧至今仍保留有该时期强烈左行压扭的构造痕迹，在渤中凹陷东缘和东南缘形成了 NE—NNE 向的大型走滑断裂构造。

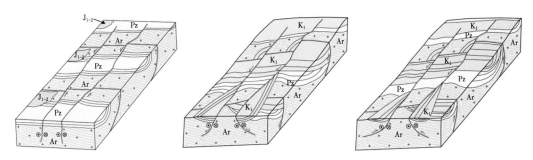

图 3-23　环渤中燕山期构造演化模式图

　　燕山运动中期，受古太平洋板块俯冲后撤和地壳深部拆沉作用的影响，华北东部陆缘发生大规模伸展断陷，原有 NW 向断裂和 NE 向断裂同时活动控制伸展断陷，沿着这些断裂带发育下白垩统和大量火山岩；部分 NE 向新生断裂带有明显的走滑特征，并发育花状构造，燕山运动中期对潜山进一步叠加改造，同时形成新的伸展断块潜山。

　　燕山运动晚期，古太平洋板块继续俯冲，环渤中地区进入强烈的压扭阶段，整个中生界遭受了强烈的挤压抬升及和剥蚀，形成了研究区最大规模的不整合面——中生界顶部不整合面，大多数潜山的中生界被剥蚀，仅在局部地区保留上白垩统。

　　喜马拉雅运动阶段，环渤中地区已经完全处于右旋张扭应力场中（图 2-12），发育大量 NE 向、NW 向断裂，但这些断裂在不同时间有不同的表现形式：在 60—43Ma，环渤中地区以伸展断陷为主，此时可能主要受深部地幔上涌的影响；43Ma 至今，环渤中地区以右行张扭走滑为主，此时受太平洋板块俯冲后撤的影响，郯庐断裂活动十分强烈，环渤中东部和东北部的辽东湾内开始大量沉积新生界，剖面上发育大量花状构造（图 3-15，图 3-16，图 3-17），但此时的右旋应力场没有将原有左旋应力场造成的潜山左行剪切复原。喜马拉雅期对环渤中地区的基底潜山的改造主要表现为断陷破坏作用，没有对隆凹格局产生太大的改变，只有新生代断陷边界断裂对一些潜山形态有所改变（图 3-24）。

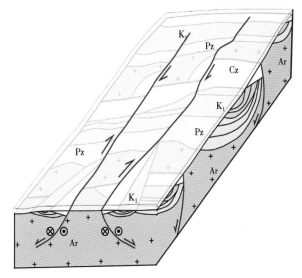

图 3-24　环渤中燕山期构造演化模式图

第四节　构造破裂的数值模拟

有限元法是当今工程分析中应用最广泛的数值计算方法，能够求解区域较复杂的用微分方程形式描述的复杂问题。其理论已日趋完善，并广泛应用于固体力学等各个领域。

有限元法的基本思想是"化整为零，积零为整"。它的求解步骤是：把连续的结构离散成有限多个单元，并在每个单元中设定有限多个节点，把连续体看作是只在节点处相连接的一组单元的集合体；然后选定场函数的节点值作为基本未知量，并在每一个单元中假设一个近似的插值函数以表示单元中场函数的分布规律；进而利用力学中的变分原理建立用以求解节点未知量的有限元法方程，从而把一个连续域中的无限自由度问题化为离散域中的有限自由度问题。求解结束后，利用解得的节点值和设定的插值函数确定单元上乃至整个集合体上的场函数。

单元可以设计成不同的几何形状以模拟和逼近复杂的求解域。显然，如果插值函数满足一定要求，随着单元数目的增加，解的精度会不断提高而最终收敛于问题的精确解。从理论上说，无限制地增加单元的数目可以使数值分析解最终收敛于问题的精确解，但这却增加了计算机计算所消耗的时间。实际工程应用中，只要所得的数据能够满足工程需要就足够了。运用有限元分析方法的基本策略就是在分析的精度和分析的时间上找到一个最佳平衡点。

ANSYS 是融结构、流体、电场、磁场等分析于一体的大型通用有限元分析软件，广泛应用于土木工程和地质矿产等领域，它功能强大，可以一体化建模、加载和求解。通过拟合渤海湾盆地不同演化阶段的近真实的三维空间结构，根据不同阶段的受力特征施加相应的应力场，可以得到各演化阶段的盆地应力分布图。

一、目的和意义

随着现代科学技术在计算机领域的不断发展，数学模拟和数值模拟技术越来越重要，物理模拟和传统地质方法有助于人们理解构造变形和动力学过程，但它存在严重的时空尺度局限性，不能有效地模拟地质构造形态的复杂性和岩石物理性质的多样性，数值模拟方法可以综合利用地质、地球物理、地球化学等方法的研究结果，建立不受时空限制的各种地质模型。

本书的数值模拟主要是对研究区进行应力场和应变方面的模拟，现有资料和传统地质可以解释断裂组合，但无法准确解释不同断裂体系和构造应力场下研究区的应力集中和位移变形情况。ANSYS 有限元模拟可以根据不同的断裂组合、断层面间的接触系数、边界条件等模拟不同情况下研究区应力和应变的变化情况。

二、模型的构建

本书的数值模拟模型均为理论模型，基于平面构造图和地震剖面解释结果构建断层和地层的组合样式以及断层面之间的接触关系，通过改变断层分布、模型边界条件以及断层面摩擦系数来观察应力集中情况。

断裂是影响区域构造应力场分布的主要因素之一，而这一影响会伴随断层的倾向、倾角和走向的变化而变化，因此在构造演化过程中，断层几何形态的变化不但能够影响区域沉降中心的迁移，而且还对油气的运移和保存起到重要的控制作用，故断裂组合样式是关注的重点之一。因此本书的模型全部为不连续模型，充分考虑断层的不连续性对研究区内部应力场的影响。

不同的边界条件直接影响模型应力分布和位移大小，因此，边界条件是各模型主要关注的另一个重点，根据研究区当时的古应力场施加相应的边界条件，观察其内部的应力应变分布情况。

因为本书模拟的模型均为不连续模型，所以对于各条断层在模拟过程中接触行为的判定，均使用库仑摩擦模型，其表达式为：

$$\tau = \mu p \tag{3-1}$$

其中，p 为断层接触面之间的正压力，Pa；μ 为断层接触面之间的摩擦系数。

根据 Kong 等和 Wang 等数值模拟结果，发现大型走滑断层的摩擦系数较小，约为 0.08，而对接触面比较粗糙的断层来说，其摩擦系数可设置为 0.1，因此模型的摩擦系数为 0.08~0.1。

本书的数值模型只考虑在现今地质条件下研究区的应力场分布特征，模拟时间比较短，模型厚度相对较薄（最厚不超过 20km），所以忽略了研究区长时间构造演化过程中蠕变或松弛以及下地壳和软流圈中黏弹性属性对研究区的影响。同时认为渤中凹陷在纵向上已经充分压实，只需考虑平面构造应力对凹陷的影响，而忽略重力对其造成的影响。基于以上两点，在构建参数模型的过程中只考虑其线弹性行为，对于各套地层之间的差异，主要通过调节杨氏模量和泊松比来实现。

模型研究主要提取了三种应力参数，分别为第一主应力、第三主应力和应力强度，用这些参数来表达研究区的应力状态。其中，ANSYS 方法规定，第一主应力值大于第三主应力值；第一主应力的正值可用来描述研究区张性应力环境；第三主应力的负值可用来描述压性应力环境；应力强度则可用来描述模型容易产生破裂的区域。

三、印支早期挤压构造环境的模拟

1. 模型构建

印支早期研究区主要受近 SN 向挤压应力的作用，本模型只设计 F_1 和 F_2 两条断层，F_1 为铲式断层，F_2 空间表现为弧形，并最终和 F_1 相交，两条断层相隔大约 10km（图 3-25）。本模型主要观察两条断层之间的应力分布状态，通过不断改变两条断层的摩擦系数，分别研究在前展式和后展式两种模式下两条断层之间应力集中区的分布位置。对旅大 25-1 构造进行数值模拟，平面断裂体系组合如图 3-26 所示。

对印支早期的模拟共设置了三组对照模型，分别为模型 1、模型 2、模型 3。印支早期模拟的模型主要观察不同的摩擦系数对应力分布的影响，因此采用控制变量法设定弹性模量为 $5×10^4$MPa，泊松比为 0.25 不变。模型 1 设置为：F_1 摩擦系数为 0.10，F_2 摩擦系数为 0.02；模型 2 设置为：F_1 摩擦系数为 0.10，F_2 为固定断层面（不允许滑动）；模型 3 设置为：F_1 为固定断层面，F_2 摩擦系数为 0.10（表 3-1），单元类型选择 SOLID185 单元。

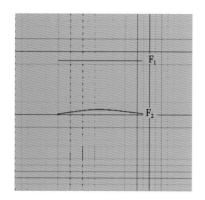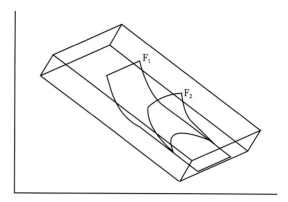

图 3-25　模型平面和空间的组合样式

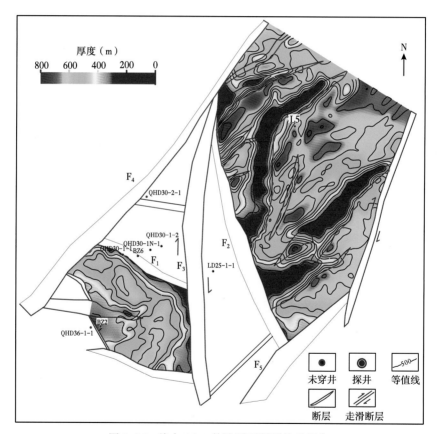

图 3-26　旅大 25-1 构造平面断裂体系组合

表 3-1　模型摩擦系数

	模型 1	模型 2	模型 3
F_1	0.10	0.10	固定断层面
F_2	0.02	固定断层面	0.10

2. 边界条件

对于模型边界条件的施加，主要考虑研究区的古应力场分布。因为印支早期研究区主要受近 SN 向挤压应力作用，所以使模型由南向北挤压。北端为固定边界，在南端施加一定载荷，如图 3-27 所示

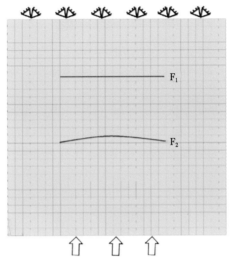

图 3-27　模型边界条件

3. 模拟结果

第一主应力的正值可代表区域张应力分布状态（图 3-28），图中颜色越红的区域代表拉张应力相对较大，因为总体为挤压构造环境，故模型内张应力值较小。但这三个模型都显示，在 F_2 南部为张应力最为集中的区域，而在 F_1 和 F_2 内部来说，在靠近 F_1 区域，拉应力值相对较大一些。

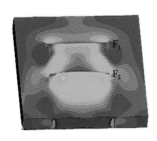 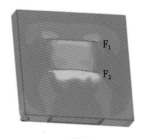 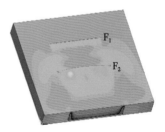

模型1　　　　　　　　模型2　　　　　　　　模型3

图 3-28　第一主应力分布特征

第三主应力的负值可代表压应力的分布状态（图 3-29），图中颜色越蓝的区域表示压应力值越大。在模型 2 和模型 3 的应力分布图中，可以看出在越靠近 F_2 的区域，压应力值相对越大，并且在靠近断层的区域和最中间部位的应力值较小，在中部靠上部位的应力最为集中。

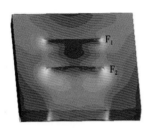 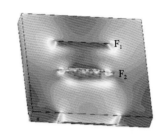 

模型1   模型2   模型3

图 3-29　第三主应力分布特征

应力强度最能代表最容易产生破裂的区域（图 3-30），图中颜色浅的区域，应力强度值越大，应力越集中。在忽略 F_1 和 F_2 的边界效应之后可以看出，相对于 F_2，在靠近 F_1 的区域，应力强度越大。应力强度显示结果和第三主应力结果完全吻合，说明应力产生的破裂为压应力所致。

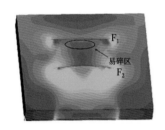 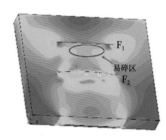 

模型1   模型2   模型3

图 3-30　应力强度分布特征

综合三种模型，认为在此种断裂组合模式下，最容易产生破碎的有利区在两条断层之间且靠近 F_2 的区域（图 3-31）。

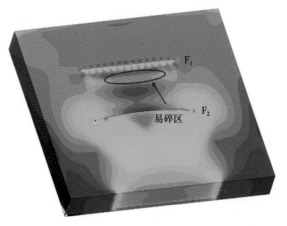

图 3-31　模型所指的易碎区

四、燕山期左行压扭构造环境的模拟

1. 模型构建

燕山期研究区受到左行压扭的构造应力作用，为了突出主干断层的作用，本次设计了两种断层组合样式的模型（图3-32），第一组构建了7条断层，第二组构建了9条断层，断层产状则是基于地震剖面解释结果设定，摩擦系数和主要地层参数在下面单独列出。通过赋予各断层不同的产状和摩擦系数，希望可以模拟研究区接近真实的应力分布状态。设计了多种对照模型，通过改变各模型的边界条件，观察其应力分布状态的差异。

对燕山期的模拟共设置了5组对照模型，分别为模型4~8；其中，模型4、模型5和模型6采用"断裂组合样式1"的断裂组合，共分布有5条断层（图3-32a），3个模型的地层和断层参数设置相同，弹性模量设置为$5×10^4$MPa，泊松比为0.25。各断层的摩擦系数不同：F_1和F_2为0.08，F_3为0.09，F_4和F_5为0.10。模型7和模型8采用"断裂组合样式2"的断裂组合，共分布有九条断层（图3-32b）。这两个模型的主要参数设置为：弹性模量为$5×10^4$MPa，泊松比为0.25，F_4和F_5断层的摩擦系数设为0.10，F_3的摩擦系数设为0.09，其他6条断层的摩擦系数统一设置为0.08。5个模型的单元类型都为SOLID185单元。

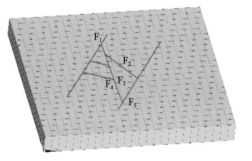
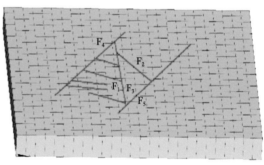

a. 断裂组合样式1　　　　　　　　　　　b. 断裂组合样式2

图3-32　断裂组合样式（旅大25-1构造断裂）

2. 边界条件

模型4和模型7西部边界设置为固定边界，南部边界施加与F_4、F_5走向相同的挤压力，观察模型在纯剪状态下的应力分布。模型5同样是固定西部边界，观察模型在纯剪切应力状态下的应力分布，但是此模型的载荷施加在东部边界上，即给东部边界一个和F_4、F_5走向相同的拉力。模型6和模型8固定西部边界，在南部边界上施加与F_4、F_5呈10°~15°夹角的挤压力并偏向北部，观察模型在压扭应力状态下的应力分布特征（表3-2和图3-33）。

表 3-2　对燕山期模拟模型的主要边界条件

模型	模型 4	模型 5	模型 6	模型 7	模型 8
断裂组合	样式 a	样式 a	样式 a	样式 b	样式 b
固定边界	西部边界	西部边界	西部边界	西部边界	西部边界
施力边界	南部边界	西部边界	南部边界	南部边界	南部边界
应力性质	纯剪	纯剪	压扭	纯剪	压扭
应力方向	NE	NE	NNE	NE	NNE

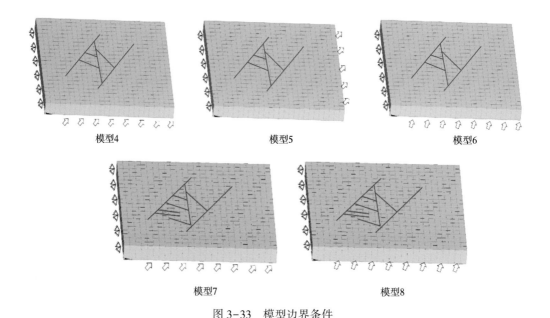

图 3-33　模型边界条件

3. 模拟结果

模拟结果如图 3-34 所示，ANSYS 第三主应力值可以刻画模型在挤压环境中的受力情况，两组模型的三种边界条件显示了不同的压应力集中情况，但每种模型都显示了在 F_3 和 F_1 相交处是压应力集中区。

由于本组模型处于挤压应力场中，主要受压应力作用，因此应力强度值（图 3-35）和第三主应力值具有很好的一致性，这也反映了模型设置的正确性。在燕山期挤压构造的五组对比模型中，可以清楚地看到在 F_1 和 F_3 断裂的相交处，应力强度始终处于高值区（图 3-35），这也是第三主应力指示的压应力集中区（图 3-34）。因此，可以得出结论：在本组模型中，模型易碎区在 F_1 和 F_3 断裂的相交处，主要受挤压应力作用而产生破裂。此外，在模型 7 和模型 8 中，F_2 和 F_5 断裂的相交处也出现了应力集中区。

燕山期左行压扭模式的模拟，模型主要受压应力控制，在 F_1 和 F_3 断裂的相交处显示压应力集中的特征，是模型的易碎区（图 3-36）。

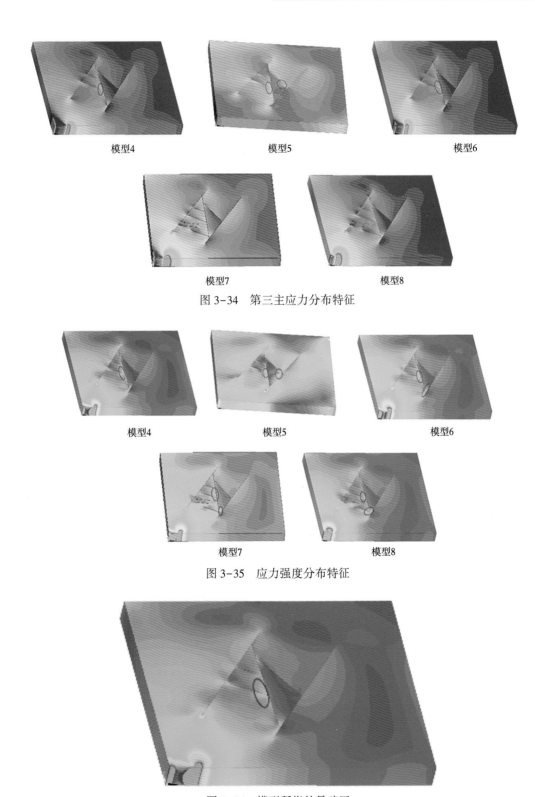

模型4　　　　　　　模型5　　　　　　　模型6

模型7　　　　　　　模型8

图 3-34　第三主应力分布特征

模型4　　　　　　　模型5　　　　　　　模型6

模型7　　　　　　　模型8

图 3-35　应力强度分布特征

图 3-36　模型所指的易碎区

五、喜马拉雅期右行张扭构造环境的模拟

1. 模型构建

喜马拉雅期研究区受右行张扭构造应力的作用，和燕山期相同，对喜马拉雅期的模拟同样设计了两组断层组合样式（图3-32）。由于喜马拉雅期对研究区改造作用强烈，因此施加了多种边界条件，包括直接在构造单元体上对大量体单元直接施加载荷，尽量模拟真实的受力状态，对比模拟结果的应力分布状态，识别出模型上容易产生破裂的区域。

喜马拉雅期的模拟共有六组模型，分别为模型9~14（表3-3）。模型9~13采用"断裂组合样式1"的断裂组合（图3-32 a），共分布有5条断层，这5个模型的地层和断层参数设置相同，弹性模量设置为$5×10^4$MPa，泊松比为0.25。各断层的摩擦系数：F_1和F_2为0.08，F_3为0.09，F_4和F_5为0.10。模型14采用"断裂组合样式2"的断裂组合（图3-32 b），共分布有9条断层，此模型的主要参数设置：弹性模量为$5×10^4$MPa，泊松比为0.25，F_4和F_5断层的摩擦系数设为0.10，F_3的摩擦系数设为0.09，其他6条断层的摩擦系数统一设置为0.08。6个模型的单元类型全部为SOLID185单元。

表3-3　对喜马拉雅期模拟模型的主要边界条件

模型	模型9	模型10	模型11	模型12	模型13	模型14
断裂组合	样式a	样式a	样式a	样式a	样式a	样式b
施力性质	面应力	面应力	体应力	面应力	体应力	面应力
固定边界	西部边界	西部边界	西部边界	西部边界	西部边界	西部边界
施力边界	南部边界	东部边界	东部体内	南部边界	东部体内	南部边界
应力性质	纯剪	纯剪	纯剪	拉扭	拉扭	纯剪
应力方向	SW	SW	SW	SWW	SWW	SW

2. 边界条件

模型9设置西部边界为固定边界，南部边界施加与F_4、F_5走向相同的拉张力，观察模型在右行走滑应力作用下的应力分布；模型10同样是固定西部边界，观察模型在纯剪切应力状态下的应力分布，但是此模型的载荷施加在东部边界上，即给东部边界一个和F_4、F_5走向相同的挤压力；模型11同样是观察模型在右行走滑纯剪应力作用下的应力分布，只是把载荷直接施加于构造单元体上。模型12固定西部边界，在南部边界上施加与F_4、F_5呈$10°~15°$夹角的拉张力并偏向南部，观察模型在拉扭应力状态下的应力分布特征；模型13的应力大小和方向与模型12相同，模型13的应力施加在单元体上；模型14的边界条件和模型11相同（表3-3；图3-37）。

3. 模拟结果

对喜马拉雅期的模拟中，第三主应力值显示了两个集中区，分别是F_2和F_5相交处的西南部以及F_1和F_4相交处的南部（图3-38），这两个区域在不同模型以及不同的边界条件模拟中都显示出压应力集中分布的特征。

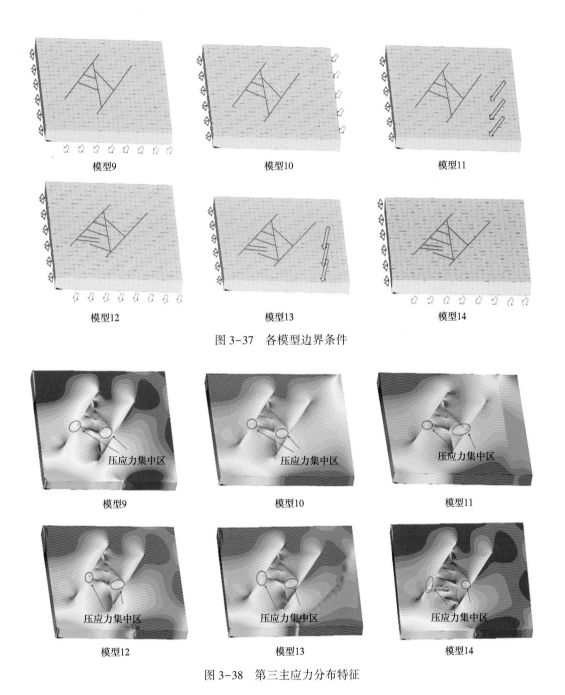

图 3-37　各模型边界条件

图 3-38　第三主应力分布特征

　　喜马拉雅期的模拟，应力强度的分布特征和第三主应力具有很好的一致性，仍然是在 F_2 和 F_5 相交处的西南部以及 F_1 和 F_4 相交处的南部出现应力强度集中的情况（图 3-39），由此也可以推测出模型此时主要受压应力的控制，此外，F_2 和 F_5 相交处的应力值最大。

　　在喜马拉雅期右行张扭模式中，模型主要受压应力控制，容易产生破碎的应力集中区有两个：F_2 和 F_5 相交的西南部和 F_1 和 F_4 相交处的南部，其中，F_2 和 F_5 相交处的应力强度值最大（图 3-40）。

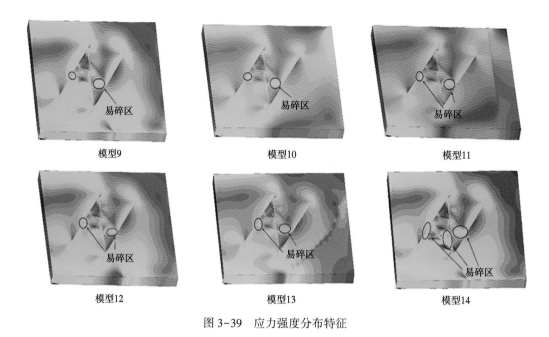

图 3-39　应力强度分布特征

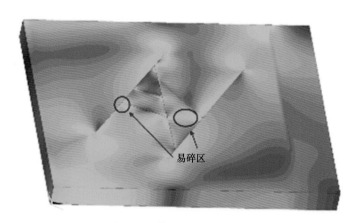

图 3-40　模型所指的易碎区

　　对印支早期、燕山期和喜马拉雅期的模拟显示了不同的应力集中区，其中，在对印支期前展式和后展式两种不同模式下的模型进行模拟后，发现在 F_1 和 F_2 的中部并且靠近 F_2 的区域，应力最为集中，模型也最容易产生破裂；在对燕山期右行走滑构造模式的模拟结果显示，在 F_1 和 F_3 的相交处是压应力集中区；而在喜马拉雅期左行走滑的模拟中，F_2 和 F_5 相交处的西南部、F_1 和 F_4 相交处的南部显示出应力集中的特征，且应力性质为压应力。

　　综合以上三种模拟结果，模型最容易产生破裂的区域在 F_2 和 F_5 相交处的东南部（图3-41）。

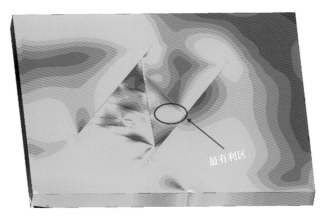

图 3-41　推荐区域

六、走滑带间雁列构造的模拟

1. 左行走滑雁列构造的模拟

1）模型构建与边界条件

燕山期模型主要受左行走滑应力场的控制，在 19-6 研究区走滑带雁列构造的模拟模型设置如下。

模型构建：x、y、z 三轴的比值为 100:100:25，整体形状为板状。弹性模量设置为 $5 \times 10^4 MPa$，泊松比为 0.25。根据地质资料，F_1 的摩擦系数远远大于 F_2，所以 F_1 的摩擦系数设置为 F_2 的 10 倍。

边界条件：在模型西部边界施加约束，在东部边界施加平行于断层的左行走滑应力，如图 3-42 所示。

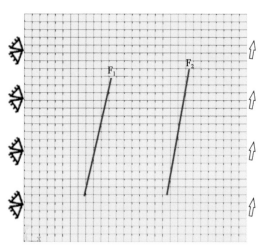

图 3-42　左行走滑应力作用下的边界条件

2）模拟结果

第三主应力的模拟结果显示，模型在左行走滑应力的作用下，呈现出 NNW—SSE 向的挤压应力以及近 EW 向的拉张应力特征（图 3-43）。近 EW 向的拉张应力作用形成雁列构造中近 SN 向的主断裂，NNW—SSE 向的挤压应力则使得雁列构造主断裂中发育多支 NNE—SSW 向的次级断裂（图 3-44）。

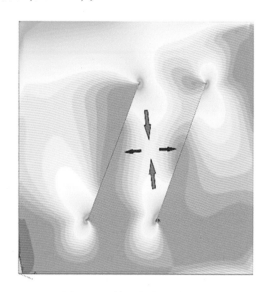

图 3-43　第三主应力分布图

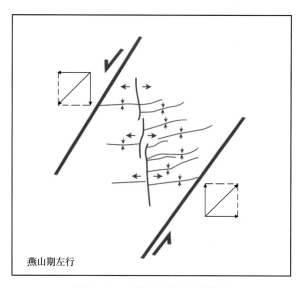

图 3-44　左行走滑应力示意图

2. 右行走滑雁列构造的模拟

1）模型构建与边界条件

模型构建：x、y、z 三轴的比值为 100:100:25，整体形状为板状。弹性模量设置为 5×

10^4MPa，泊松比为 0.25。F_1 的摩擦系数设置为 F_2 的 10 倍。

边界条件：在模型西部边界施加约束，在东部边界施加平行于断层的右行走滑应力，如图 3-45 所示。

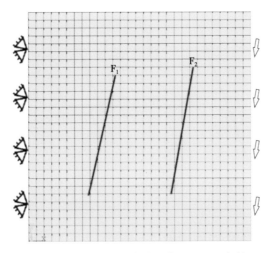

图 3-45　右行走滑应力的作用下边界条件

2）模拟结果

图 3-46 是模型模拟的第一主应力的分布特征，和左行走滑应力控制时的作用相反，模型沿 NNW—SSE 向和近 SN 向受拉张应力作用，而在近 EW 向则主要受挤压应力的控制。因此，此时受压应力作用形成雁列构造中南北方向的主断裂，受 NNW—SSE 向和近 SN 向的拉张应力作用形成 NNE—SW 和近 EW 向的次级断裂（图 3-47）。

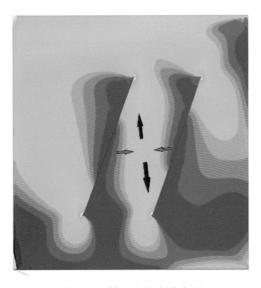

图 3-46　第一主应力分布图

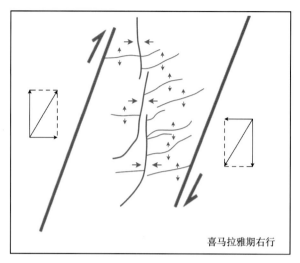

图 3-47　右行走滑应力示意图

七、环渤中区域构造的初步模拟

对渤海湾整体进行了应力场模拟研究，以解释渤中凹陷的形成机制，首先依据平面断裂图和地震剖面资料构建模型的断裂体系以及各断层的产状，使模型最大限度与真实的地质形态相吻合。然后模拟在燕山期左行压扭走滑作用和喜马拉雅期右行张扭走滑作用下的位移变化。在模拟过程中分两个时期加载应力条件。第一个时期，首先在模型的西部边界施加固定边界条件，对应华北陆块对该区域的约束，然后在东部边界施加左行压扭应力进行模拟，储存模型此时的应力状态。在第一个时期的基础上，保持模型西部的边界条件不变，在东部边界施加右行走滑应力条件，最后对模型进行可视化成图，提取模型的总位移。在结果图中（图 3-48），颜色代表位移大小，其中颜色越红代表隆起高度越大，反之蓝色表示凹陷区，图中标识的区域（红色圆圈）即模拟渤中凹陷。

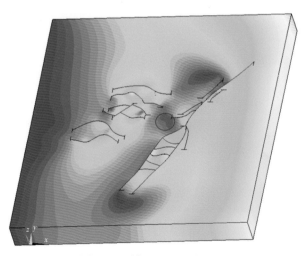

图 3-48　模型可视化位移图

第四章 环渤中地区构造对潜山油气的控制作用

第一节 构造演化对潜山地层宏观展布的控制

渤海海域内的潜山地层主要发育太古宇、古生界和中生界（图4-1）。这些地层经历了多次构造活动的改造与破坏，形成了不同类型的潜山储层，为油气提供了良好的聚集和储藏空间。查明环渤中地区构造演化对潜山地层展布的控制作用，对油气勘探具有重要意义。

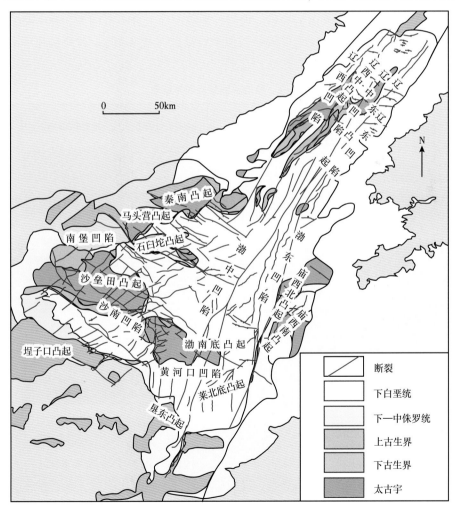

图 4-1 渤海海域残余地层分布图

通过对环渤中地区地震剖面进行全面分析，总结潜山地层宏观分布规律，绘制古生界和中生界残余分布图，来查明构造演化对潜山地层分布的控制作用。研究区内太古宇基底的岩性主要为花岗岩、花岗质片麻岩和变质基性岩等，在环渤中地区潜山下部均可见到，地震剖面上多位于5500ms以深，多表现为大区域的杂乱反射特征（表4-1）。古生界主要分为下古生界寒武—奥陶系和上古生界石炭—二叠系。下古生界分布较广，主要分布在渤中凹陷周缘、辽东湾及沙南、埕北凹陷，为碳酸盐岩台地沉积和砂岩、页岩沉积。碳酸盐岩反射特征主要表现为连续平行强反射，上覆砂岩和页岩表现为空白反射（表4-1）。上古生界为陆表海碎屑岩沉积，受后期构造抬升影响，剥蚀作用较为强烈，仅分布于埕北凹陷、沙南凹陷、秦南凹陷、辽西凹陷及渤中凹陷北缘，地震反射特征为若干较连续平行相位（肖述光等，2019；表4-1）。受印支早期和燕山早期挤压隆升作用影响，环渤中地区缺失三叠系，中生界仅发育有下—中侏罗统和下白垩统。下—中侏罗统的岩性主要为凝灰质砂、泥岩和火山角砾岩，在地震剖面上多分布于3200～4600ms之间，地震反射特征为中高频、强震幅且连续性较好，仅分布于埕北凹陷、沙南凹陷、渤中凹陷西部及秦南凹陷。下白垩统的岩性主要为火山岩夹砂、泥岩，地震剖面上分布范围为3500～4500ms，地震反射特征为低频、弱振幅且连续性较好的似平行反射（表4-1），该地层在环渤中地区广泛发育（图4-1）。

表4-1 各地层地震反射特征表

地层		主要岩性	地震反射特征			地震反射模式	地震剖面示例	示例构造
			波组特征	层速度(m/s)	地震反射特征			
中生界	下白垩统	火山岩为主夹砂泥岩	发散状反射波组	3500～4500	低频、弱振幅连续性较好似平行反射			沙中断裂带
	下—中侏罗统	凝灰质砂泥岩、火山角砾岩		3200～4600	中高频、强振幅连续性较好			歧南断阶带
古生界	石炭上二叠系	砂页岩、石灰岩、煤	平行反射波组	4100～4600	若干较连续平行相位			埕北低凸起
	寒武—奥陶系	碳酸盐岩为主夹页岩及砂岩		5700～6200	寒武系表现为连续平行强反射，奥陶系表现为空白反射			埕北低凸起
太古宇		变质花岗岩、典型变质岩、动力变质岩、变质基性岩脉		5500～6000	杂乱反射			渤中19-6潜山

一、太古宇残余地层分布

华北克拉通的东西陆块经历了太古宙—古元古代的演化，于距今1.85Ga左右沿中部带发生碰撞拼合而形成统一的结晶基底，进入稳定的克拉通演化阶段，其岩性主要由变质花岗岩组成。前新生代古地质图揭示其主要出露于渤中西南环沙垒田凸起区、渤南低凸起区、渤中13/19区、石臼坨凸起区局部、马头营凸起区以及辽西低凸起中部区域，其他区域主要被中生界以及古生界所覆盖。

值得注意的是，受不同时期构造活动强弱的差异，研究区太古宇出露区在不同地区具有明显的差异，其中渤中西南环主要呈 NWW 向展布，而辽东湾地区则主要呈 NEE 向展布。这与渤中西南环主要受印支期逆冲相关褶皱控制，而辽东湾探区的构造形迹主要与燕山—喜马拉雅期郯庐走滑断裂带强烈改造有关。

二、古生界残余地层分布

华北克拉通在古生代已经演化为一个稳定的大型克拉通型沉积盆地，接受陆表海碎屑岩和碳酸盐沉积。环渤中地区位于华北克拉通东部，古生代广泛发育寒武系、奥陶系、石炭系和二叠系。但是，经历了印支早期挤压褶皱和燕山晚期左行压扭的两次构造隆升之后，古生界遭受了强烈的剥蚀和改造。

1. 印支早期古生界剥蚀

印支早期华北板块在南部与华南板块碰撞，在北部与东北地块群拼合，使环渤中地区在此期间处于 NNE—SSW 向强烈挤压的构造应力场，形成了研究区内广泛分布的 NWW—NW 向逆冲断层和褶皱。逆冲断层抬升的上盘与褶皱隆起上部遭受剥蚀，使古生界发生改造与缺失。

1）埕北低凸起古生界剥蚀

地震剖面显示，从埕北低凸起至沙垒田凸起，发育大量印支早期 NWW 向展布的"叠瓦式"逆冲断裂带（图 4-2）。埕北低凸起北部潜山地层保存较为完整，发育下古生界、上古生界和中生界。古生界厚度向 NE 逐渐减薄，上古生界于埕北凹陷内得以保留，到沙南凹陷内完全缺失。此外，下古生界在沙南凹陷里出现尖灭现象，而上覆的中生界在沙南凹陷中呈现逐渐增厚的现象，并且沿沙南断裂有较为明显的同沉积现象（图 4-2）。表明NWW 向展布的"叠瓦式"断裂带在印支早期由 SW 向 NE 逆冲，被抬升的古生界遭受了剥蚀，燕山中期该逆冲断裂带发生负反转，断陷沉积了中生界。

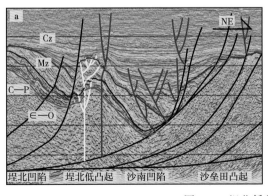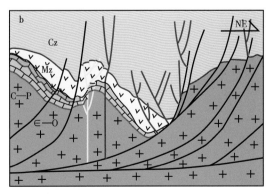

图 4-2　埕北低凸起古生界分布图

2）渤中 19-6 构造古生界剥蚀

地震剖面显示，渤中 19-6 构造顶部为太古宇基底与新生界直接接触，缺失古生界及中生界，而渤中 19-6 构造的两侧靠近沙南凹陷和渤中凹陷发育有下古生界碳酸盐岩和中生界火山岩，另外在渤中19-6构造潜山内部发育一系列NWW向展布的铲状断层（图4-3）。

在沙南凹陷中，古生界具有较为明显的减薄的特征，而中生界具有加厚的特征。而在渤中19-6构造北东侧，靠近渤中凹陷区内也分布有古生界且厚度变化不明显（图4-3）。地层证据表明，印支早期NNE—SSW向强烈挤压，渤中19-6构造形成NWW向展布的褶皱隆起，随着挤压作用的继续，褶皱的核部出现了一系列NWW向展布的铲状逆冲断层，断层上盘继续隆升，古生界和部分太古宇基底遭受强烈的剥蚀，同时褶皱翼部也遭受了剥蚀作用。燕山中期沙南凹陷北界断层发生负反转开始断陷，减薄的古生界开始下沉并沉积中生界。

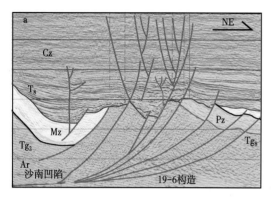
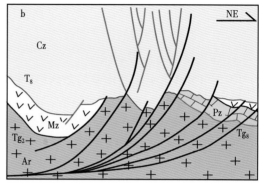

图4-3　渤中19-6构造古生界分布图

3）渤中凹陷北部—石臼坨凸起南缘古生界剥蚀

通过对渤中凹陷北部—石臼坨凸起南缘工区内地震剖面进行精细地震解释（图4-4）发现，研究区内发育太古宇基底、古生界、中生界和新生界，同时发育NWW向铲状断层和NE向走滑断层（图4-4）。古生界在靠近石臼坨南断裂处有较为明显的减薄现象，而石臼坨凸起上的古生界厚度基本保持不变。

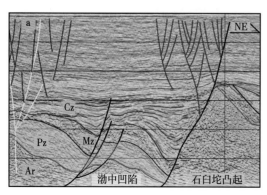
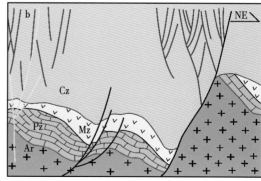

图4-4　渤中凹陷古生界分布图

地层证据表明，由于印支早期NNE—SSW向挤压，石臼坨凸起开始褶皱隆起，古生界发生掀斜，由于持续的挤压作用形成了由SSW向NNE逆冲的石臼坨南断裂，逆冲上盘继续隆升导致古生界遭受剥蚀。燕山中期,应力场由挤压转为伸展,石臼坨南断裂开始断陷,减薄的古生界开始回落,同时沉积中生界。

2. 燕山晚期古生界遭受剥蚀

晚白垩世,大洋板块格局重组,新生的太平洋板块推动古太平洋板块以低角度快速向欧亚大陆下俯冲,对欧亚东部陆缘造成了一次区域性挤压事件(索艳慧等,2017)。郯庐断裂左旋剪切,渤海湾盆地处于压扭的大地构造应力场中(漆家福,2003)。燕山晚期压扭造成区域内部分潜山上覆的古生界遭受剥蚀。

据图 4-3 所示,渤中 19-6 构造北东侧发育顶部被剥蚀的古生界和中生界,并且中生界具有与古生界一致的削切角度。在平面上,中生界剥蚀线与古生界剥蚀线呈平行展布(图 4-5)。上述证据表明,古生界与中生界一同遭受了剥蚀作用。因此,燕山晚期压扭作用造成了渤中 19-6 构造北东侧古生界再次遭受剥蚀。

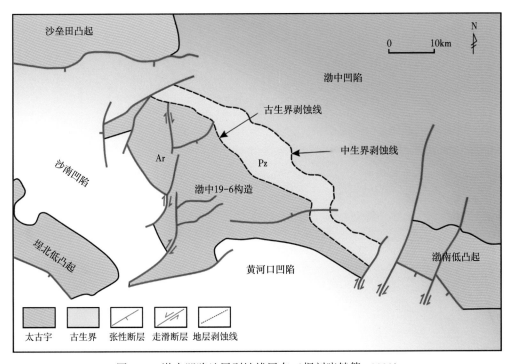

图 4-5 渤中凹陷地层剥蚀线展布(据刘晓健等,2020)

3. 构造演化对古生界分布的控制

结合渤海湾区域内地震剖面以及钻井资料,修编了渤海海域内古生界残余地层分布图(图 4-6)。渤海海域内古生界主要分布于渤中凹陷、埕北凹陷、沙南凹陷、歧口凹陷、秦南凹陷和辽东湾地区,主要分布于凹陷中,凸起区分布较少,仅在辽西凸起、石臼坨凸起、埕北低凸起和渤南低凸起等地区发育。

印支早期,渤海湾地区经历 NNE—SSW 向强烈的挤压,形成了多个太古宇基底卷入的 NWW—NW 向展布的褶皱隆起,古生界发生掀斜。随着挤压作用的持续,在凸起区形成一系列 NWW—NW 向铲状逆冲断层，断层上盘继续抬升，随后的剥蚀作用将凸起区古生界剥蚀，而凹陷区的古生界得以保留，所以渤中凹陷南部分布于凸起之间的古生界也呈 NWW 向展布（图4-6）。由于挤压应力的不均一，不同凸起的隆升高度不同，大部分凸起区的核部古生宇和部分太古宇基底都被剥蚀（如渤中 19-6 构造），翼部古生界剥蚀相对较少。由于隆升较低，少部分凸起区的核部保留古生界减薄的现象（如埕北低凸起）。燕山晚期，由于古太平洋板块再次以低角度向欧亚大陆东缘俯冲，郯庐断裂开始左旋走滑，渤海湾地区处于左旋压扭的构造应力场，部分凸起区再次隆升，古生界与中生界一同遭受剥蚀，形成了渤中 19-6 构造北东侧古生界与中生界剥蚀线平行的构造现象。印支早期挤压作用主要控制了古生界的分布形态，燕山晚期的压扭作用对古生界进行了叠加改造。

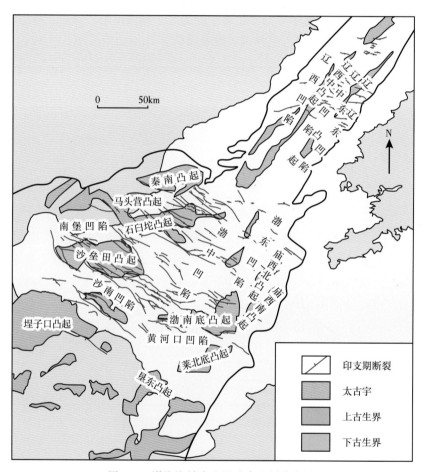

图 4-6　渤海海域古生界残余地层分布图

三、中生界残余地层分布

中生界由下—中侏罗统以及下白垩统组成，下—中侏罗统主要岩性为凝灰质砂泥岩及火山角砾岩；下白垩统以火山岩为主，夹砂泥岩。印支晚期和燕山期的构造活动控制了中生界的宏观展布。印支晚期应力松弛阶段沉积了下—中侏罗统，燕山早期左行压扭作用改造了下—中侏罗统，燕山中期伸展断陷沉积了下白垩统，燕山晚期左行压扭作用对中生界进行了再次改造。

1. 印支晚期下—中侏罗统沉积

印支晚期，华北板块出现的不同程度的应力松弛、岩石圈冷却可能导致华北板块整体沉降并形成多个小型裂陷盆地。另外，古太平洋板块高角度俯冲使华北板块东部形成了类似弧后伸展的构造背景。渤海湾盆地东部继续隆升，而西部隆起区内原 NWW 向逆冲断层开始反转成为正断层并开始断陷，控制了下—中侏罗统火山岩的沉积，所以下—中侏罗统呈 NWW 向展布且只分布于渤海湾西部（图 4-7，图 4-9）。

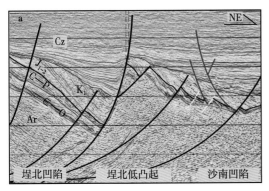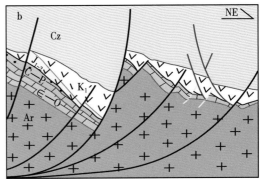

图 4-7　埙北低凸起中生界分布图

2. 燕山早期下—中侏罗统遭受剥蚀

燕山早期，受太平洋俯冲影响，郯庐断裂左行走滑，渤海湾地区处于左旋压扭的应力场中，在此期间开始挤压隆升，埙北低凸起下—中侏罗统遭受剥蚀。

埙北凹陷发育完整的潜山地层，包括下古生界、上古生界、下—中侏罗统和下白垩统，发育一系列 NWW 向延伸的铲状断层。下—中侏罗统仅在埙北凹陷处发育，而在埙北低凸起上不发育。下—中侏罗统在埙北凹陷中展现出减薄现象，上覆的下白垩统具有增厚现象（图 4-7）。这些地层减薄与增厚的现象表明，在燕山早期，左旋压扭促使先存 NWW 向铲状断层再次活化，由南向北逆冲，断层上盘隆升，下—中侏罗统遭受剥蚀。本阶段的挤压时间较短、挤压作用相对较弱，下—中侏罗统剥蚀程度较低。

3. 燕山中期下白垩统沉积

燕山中期，古太平洋板块俯冲后撤，东亚大地幔楔形成，华北克拉通遭受破坏。郯庐断裂进入左行张扭的活动时期，渤海湾盆地整体处于伸展断陷的构造环境，形成大量的 NE—NNE 向延伸的左行张扭断层，在地震剖面中显示明显的负花状构造，这些正断层上盘下降，下白垩统沿着这些伸展断陷完成了沉积，并且向断层方向沉积增厚（图 4-8）。由于西部地区 NE—NNE 向断层以张扭作用为主，位移量较小，而东部地区的断层位移量较大，形成了裂陷盆地，所以下白垩统主要分布于渤海湾盆地中东部地区（图 4-9）。另外，据图 4-7 所示，下白垩统在埙北凹陷中向断裂方向加厚，表明燕山中期伸展作用不仅形成了 NE—NNE 向的正断层，也使先存的 NWW 向断层再活化，伸展沉积了下白垩统。

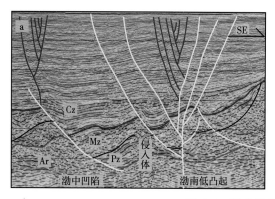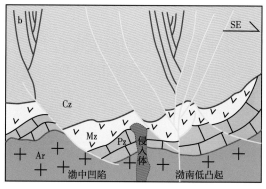

图 4-8　渤南低凸起中生界分布图

4. 燕山晚期中生界改造

燕山晚期，由于古太平洋板块低角度快速向欧亚大陆东缘俯冲，郯庐断裂的构造活动转换为左行压扭，渤海湾盆地开始处于左行压扭的大地构造应力场中。此阶段的压扭作用造成了局部地区隆升，部分中生界遭受剥蚀。

据图 4-3 所示，渤中 19-6 构造北东侧中生界覆盖于古生界之上，中生界往北东方向加厚，且中生界与古生界顶部都可见削切剥蚀。表明燕山中期的伸展作用导致 NWW 向先存断裂活化断陷，形成了下白垩统的同沉积现象。由于渤中 19-6 构造北东侧的中生界和古生界剥蚀线呈近平行展布（图 4-5），说明燕山晚期的压扭作用使渤中 19-6 构造整体隆起，古生界和下白垩统一同遭受剥蚀，所以在平面和剖面上展现了近平行的剥蚀界线。

5. 构造演化对中生界分布的控制

结合渤海湾区域内地震剖面以及钻井资料，修编了渤海海域中生界残余地层分布图（图 4-9）。中生界在渤海海域广泛分布，下—中侏罗统分布较少，仅在西部的沙南凹陷、渤中凹陷西部及秦南凹陷中大致呈 NW 向分布；下白垩统分布较广，在渤海海域中东部地区均有出露。

印支晚期，渤海湾地区进入应力松弛阶段，由于整体地形东高西低，下—中侏罗统在渤海湾西部沉积。由于应力作用从挤压到松弛的转变，印支早期发育的 NWW 向逆冲断裂开始断陷，控制了下—中侏罗统的沉积，地层也呈 NWW 向分布（图 4-9）。燕山早期，渤海湾进入左行压扭的构造应力场，挤压作用使 NWW 向控洼断层重新发生逆冲抬升，下—中侏罗统遭受剥蚀减薄（图 4-7）。燕山中期，渤海湾地区进入全面的伸展断陷阶段，形成大量 NE—NNE 向分布的左行张扭断层，这些具有走滑性质的正断层是控制下白垩统沉积的主因（图 4-8）。由于西部地区的 NE—NNE 向断层主要以压扭为主，而中东部 NE—NNE 向断层具有很大的走滑、断陷的位移量，所以下白垩统主要分布在中东部地区（图 4-9）。另外，由于强烈的伸展作用，早期 NWW 向控洼断层又一次活化，发生断陷并沉积了下白垩统（图 4-7）。燕山晚期，渤海湾地区再次进入左行压扭的构造应力场，使部分凸起再次发生隆起，中生界和古生界一起遭受了剥蚀（图 4-5）。

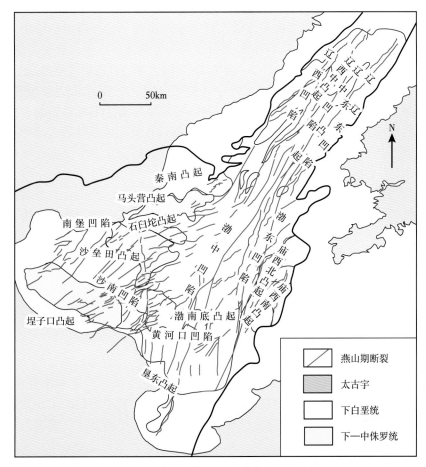

图 4-9 渤海海域中生界残余地层分布图

四、构造叠加差异性控制多元结构潜山地层规律性分布

构造变形的差异性导致隆升、剥蚀的差异性，使得同一构造运动中不同地区的改造有所不同。多期构造运动叠加过程中，研究区潜山因构造变形程度的差异性导致地层不同程度的剥蚀缺失，从而表现出不同的结构特征。强改造区潜山地层表现为一元结构（仅有前寒武系）；中等改造区为二元结构（古生界+前寒武系或中生界+前寒武系）；而弱改造区则主要表现为三元结构（中生界+古生界+前寒武系）。

一元结构潜山主要在研究区西南部、北部，东部零星分布，其成因不同。在渤中凹陷西南、西北及北部地区，其成因是印支期挤压隆起区古生界剥蚀殆尽后形成的太古宇暴露区在燕山期遭受压扭改造、再剥蚀的结果，例如渤中凹陷西北部曹妃甸 12-6 区、北部旅大 25-1 西构造区；再如由沙垒田凸起、渤中 19-6 构造、渤南低凸起西段组成的总体呈 NW 走向的构造带，该带向 SE 方向则依次转变为古生界+太古宇的二元结构、中生界+古生界+太古宇的三元结构。渤中凹陷东部地区的一元结构潜山则多为燕山早期的挤压抬升、剥蚀所致，如渤东低凸起的局部地区、庙西北凸起、庙西南凸起等地区。

二元结构潜山主要包括"古生界+太古宇""中生界+太古宇（或元古宇）"两种类型。"古生界+太古宇"型二元结构多为印支期逆冲断层的下盘在燕山运动中发生反转后遭受弱剥蚀所致，多位于渤中凹陷西南部的印支期构造活动强而燕山期改造较弱的地区，如渤中西南环渤中 19-6 北—渤中 21-2—渤中 22-1 构造带，其古生界剥蚀线呈 NW 走向，与印支期断裂走向近平行。"中生界+太古宇（或元古宇）"型二元结构在研究区西部、东部均有分布。东部地区二元结构多为"白垩系+元古宇"型，形成机制为燕山早期挤压过程中古生界大面积剥蚀殆尽，元古宇或太古宇出露后在燕山中期伸展过程中被白垩系覆盖。西部地区的二元结构多见"侏罗系+太古宇"型，为局部太古宇出露带被侏罗系覆盖所致，如渤中 13-2 构造。

三元结构潜山为印支期与燕山早期挤压过程中均处于下盘，燕山中期伸展过程中发育火山岩或接受碎屑岩沉积所形成，多位于郯庐断裂带以西地区，如渤中凹陷内多数地区和埕北低凸起、石臼坨凸起靠近边界断裂的地区。从渤中 19-6 构造向渤中凹陷中心，潜山结构由一元结构变为二元结构，再变为三元结构。

第二节　构造演化与成山、成圈作用

一、潜山分布特征

古潜山反映了古地貌的一种形态。基底地层经过地壳变动、风化剥蚀等地质作用后，表面形态高低不平，后来再次下沉被新生代沉积层所覆盖，其中突起的山丘被覆盖后就称为古潜山。渤海湾盆地所谓的潜山就是指新生界底不整合之下的基岩（前古近系和太古宇结晶基底）隆起构造。研究区在印支期、燕山期和喜马拉雅期构造变形中，经历了印支早期挤压成山、燕山早期、晚期压扭走滑破坏、燕山中期和喜马拉雅期断陷成山的过程。并形成 NW（NWW）、近 EW 和 NE 走向的诸多大型断裂，但是不同区内的断裂特征存在差异性。正是这种差异性导致了成注、成山、成储、成藏的差异性。环渤中地区分布有大量的潜山，在研究区的西部、中部和东部呈现出一定的规律性。通过分析渤中地区构造演化对潜山带的分布影响，发现多期构造运动对环渤中地区潜山的形成、发育形态和空间展布起着重要的控制作用。通过分析环渤中地区构造演化成山过程，根据构造成山作用差异性在区域上划分三个区带：西部隆起区、中部断陷区和东部隆起区（图 4-10）。

1. 西部隆起区

西部隆起区即环渤中地区西部残留逆冲型潜山带，是保留印支期构造形态最完好的区域。潜山发育形态受印支期 SW—NE 向挤压应力的影响，大型 NW 走向的逆冲断裂构造导致本区形成 NW—NNW 向展布的隆凹格局。燕山期和喜马拉雅期构造对西部隆起区的影响并不大，没有从根本上改变潜山总体形态，西部隆起区基本保留了印支期形成的 NW 向大型潜山分布格局。潜山带包括：秦南凸起、石臼坨凸起、沙垒田凸起、埕北低凸起和埕子口凸起等。石臼坨凸起和秦南凸起形态为近 EW 向展布，在保留印支期成山特征基础上，后期又遭受燕山期和喜马拉雅期断陷的轻微改造，使其形态略有变化。沙垒田凸起西侧有明显左行走滑现象，这是典型印支期形成的大型潜山在燕山期被压扭走滑改造的证据，但是沙垒田凸起整体保留了印支期成山形态。埕北低凸起和埕子口凸起展布特征为 NW 向，规模一般较大，印支期遗留特征最为明显。总体来说，整个西部隆起区保留印支期构造隆起形态较好，有些凸起展布特征说明该区也接受燕山期和喜马拉雅期的轻微改造。

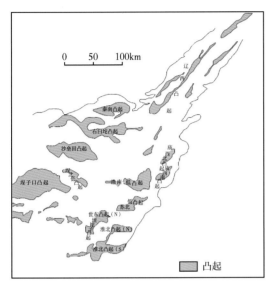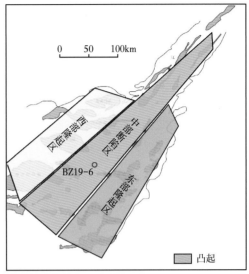

图 4-10　渤中地区潜山带分布与分区图

2. 中部断陷区

中部断陷区位于环渤中地区中部，其形成潜山过程较西部地区复杂，在印支期形成的大型潜山带基础上，中部地区受到燕山早期压扭和燕山晚期挤压作用下走滑切割的破坏，破碎程度大，该时期走滑压扭构造对中部潜山分布和形态特征改造非常强烈。燕山中期和喜马拉雅期伸展断陷作用同样对中部断陷区的潜山带起到了改造作用。喜马拉雅期为右行张扭走滑伸展，使得燕山期已经受破碎和走滑改造的潜山带在喜马拉雅期整体断陷下沉，使得中部地区的潜山高度大大降低，形成低矮的潜山。中部地区潜山在南北两段分布特征不同，北段部分受到强烈的燕山期走滑和喜马拉雅期断陷构造改造，印支期古隆起的面貌已被改造的面目全非，现今都为 NE 向展布狭窄的带状潜山，而南段仍然保留了印支期古隆起的 NW 向展布特征，但是被走滑构造切割和喜马拉雅期断陷改造，形成低矮的小型潜山（如渤中 19-6 潜山）。

3. 东部隆起区

东部隆起区位于环渤中地区东部，由印支期潜山受到燕山期和喜马拉雅期多期走滑伸展作用形成。单个潜山的规模比西部区小，比中部区大，中南段潜山总体展布方向大致呈 EW 或 NEE 向，如潍北凸起和渤南低凸起，被夹持在 NE 向走滑断裂间呈 EW 向展布，中北段潜山主要呈 NE 或 NNE 向展布，如莱北低凸起、庙西北低凸起和庙西南低凸起，呈 NE 向近平行与走滑断裂带展布。东部区内潜山的展布方向与中部区和西部区 NW—NWW 向不同，这种变化应该是印支期形成的古潜山被燕山—喜马拉雅期构造叠加改造的结果。由于华南板块的北部边界在西部秦岭—大别山一带为 NW 向，而东部苏鲁地区为 NEE 向

（图 2-2），所以，在印支期华南板块与华北板块碰撞时，渤海湾地区形成向南突出的弧形古隆起，其西部呈 NW—NWW 走向，中部呈近 EW 走向，东部呈 NEE 走向。燕山期的左行走滑对印支期的古潜山进一步改造，发生逆时针转动，形成现在以 NE 向为主的展布特征。当然，有些潜山现今的 NE 向展布特征与燕山中期和喜马拉雅期伸展断陷切割有关，NE 向的断陷可以将原来印支期 EW 或 NEE 向的潜山断切形成 NE 向展布特征。

二、构造演化与潜山的形成

环渤中地区古潜山经历了多期构造演化，每一期构造运动对潜山形成的影响都不尽相同。特别是进入到中生代构造演化阶段以来，华北板块周缘及板块内部控制了渤中地区时空构造格局和潜山形成分布。由于各个构造时期，特别是在印支期和燕山早期两大关键构造期，构造变形方式与强度的差异，导致该区潜山构造特征呈现出显著的东西分带的特征。根据潜山构造和残留内幕结构特征差异，具体可划分为西侧残留逆冲型潜山带、中部反转翘倾型潜山带和东侧复杂走滑断块型潜山带。整体而言，该区潜山经历了六个演化阶段：第一阶段为印支期早期挤压形成 NW 向古隆起；第二阶段为印支晚期伸展成山；第三阶段为燕山早期左行压扭走滑破坏，第四阶段为燕山中期断陷成山；第五阶段为燕山晚期挤压走滑破坏；第六阶段为喜马拉雅期弱走滑强断陷成山。

1. 印支早期挤压形成 NW 向古隆起

印支期受华南板块和华北板块剪刀式碰撞影响，整个华北地区进入大规模挤压推覆变形阶段，渤海海域总体遭受 NE 向的逆冲挤压，形成一系列 NW 向逆冲断层，继而形成了印支早期 NW 向展布的隆坳相间的格局，该阶段是渤海含油气区盆地基底潜山形成的主要时期。现在环渤中地区西部仍保留有印支早期华南板块与华北板块碰撞挤压形成的大型逆冲隆起。印支期构造在环渤中地区表现为一系列 NW—NWW 走向，向 NE—NNE 方向逆冲的大型断裂。这些逆冲断裂使太古宇基底抬升，形成隆起构造，构成环渤中地区潜山雏形（图 4-11）。

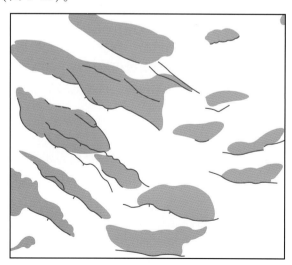
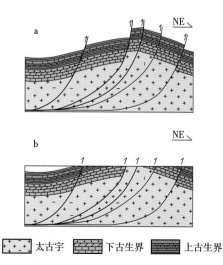

图 4-11 环渤中地区印支早期古隆起分布和成因模式图

1）石臼坨凸起

石臼坨凸起位于秦南凹陷和渤中凹陷之间，整体呈现北高南低、西高东低的特征。印支期基底逆冲隆起，下部古生界出现薄底构造显示，石臼坨南部发育有 NW 向的大型逆冲断裂（石南断裂）（图 4-12），后期该断裂发生反转，形成中—新生代断陷，导致断裂下盘隆起成山，NW 向大断裂控制形成印支早期 NW 向展布的隆凹相间格局。

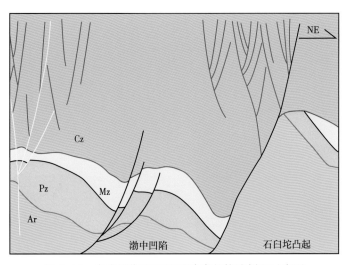

图 4-12　印支早期石臼坨逆冲隆起构造剖面示意图

2）埕北低凸起和沙垒田凸起

埕北低凸起和沙垒田凸起也表现为印支早期构造挤压隆起成山，地震剖面显示中生界沉积前该处曾遭受 NE 向挤压逆冲，形成了 NW 向逆断层，后期构造反转，古生界形成了薄底构造（图 4-13），逆冲断裂下盘成山。

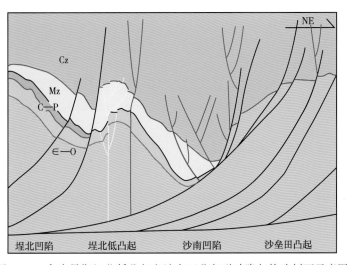

图 4-13　印支早期埕北低凸起和沙垒田凸起逆冲隆起构造剖面示意图

印支期早期的这种造山形式在整个环渤中地区西部、中部和东部地区中都非常普遍，只是中部和东部地区后来遭到了燕山期和喜马拉雅期的构造叠加改造和破坏，而在西部地区保留非常完整。石臼坨凸起、埕北低凸起和沙垒田凸起和其间凹陷的平面展布显示，古隆起潜山的形成包括两种模式：一是逆冲下盘成山模式，印支期逆冲断裂导致基底隆起，但这个隆起不是现今的潜山，后期的伸展导致逆冲断裂发生反转形成断陷，使原来的上盘沉降变成现今的凹陷，而下盘形成现今的潜山，如石臼坨凸起、埕北低突起和沙垒田凸起；二是逆冲上盘成山模式，印支期逆冲断裂导致基底隆起，后期不发生反转，原来的隆起即为现今的潜山，如渤中19-6构造潜山（图4-14）。

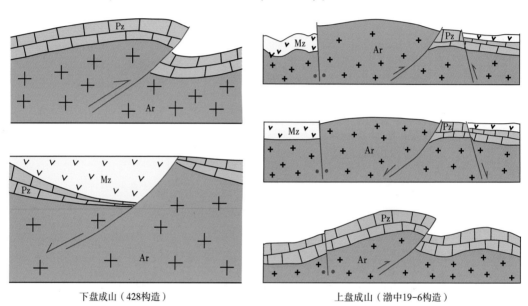

下盘成山（428构造）　　　　　　　　　上盘成山（渤中19-6构造）

图4-14　潜山形成剖面模式图

2. 印支晚期伸展成山

晚三叠世晚期，整个华北东部进入了造山后伸展阶段，在环渤中西部地区发育了中—下侏罗统。钻井和三维地震反射特征显示渤海侏罗系以碎屑岩为主，夹煤层。侏罗系沉积厚度在印支期NW走向的逆断层两盘差异明显，主要沉积在逆冲断裂反转上盘形成的断陷中（图3-5）。如埕北凹陷和沙南凹陷。由于NW向逆冲断裂的反转，上盘沉降，导致下盘成山（图4-14）。因此，印支晚期主要通过早期逆冲断裂反转在断裂下盘成山。

3. 燕山早期左行压扭走滑破坏

燕山早期主要受到古太平洋NW向低角度俯冲影响，形成大量NE向压扭型走滑断裂构造，该时期为环渤中地区古潜山成山改造的关键时期（图4-15a）。燕山早期左行压扭在潜山形成过程中的作用主要表现为对印支期潜山的切割破坏，把原来连续的印支期隆起带切割成一系列大小不等的碎块，同时导致潜山块体内部发生破碎。这一切块破碎作用在西部地区较弱，但在中部和东部地区非常强，导致中部和东部地区内的潜山规模大大缩小。由于该时期西部地区相对于中部、东部地区而言近乎不动，成为左行走滑的西部固定边界，走滑位移量从中部地区向东部地区逐渐增大，总体表现为中部地区，尤其是靠近西部地区附近，以压扭为主，形成带间雁列构造（图4-15b），潜山内部发生强烈扭性破碎，潜山容易形成有利的油气圈闭构造，而东部地区则以大规模错移为主，潜山呈断块整体错移并伴有一定的逆时针转动，但潜山内部破碎程度相对较低。

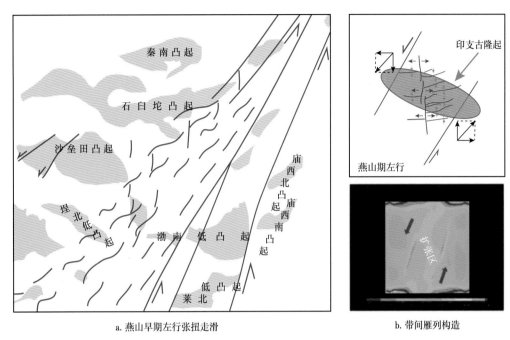

a. 燕山早期左行张扭走滑　　　　　　　　　b. 带间雁列构造

图4-15　燕山早期左行张扭走滑和带间雁列构造模式图

　　沙垒田凸起位于环渤中地区西部区内，从展布特征上看，沙垒田凸起西部有明显的左行压扭特征（图4-16），说明受到燕山早期压扭走滑构造左行错移，但是整体仍然保留印

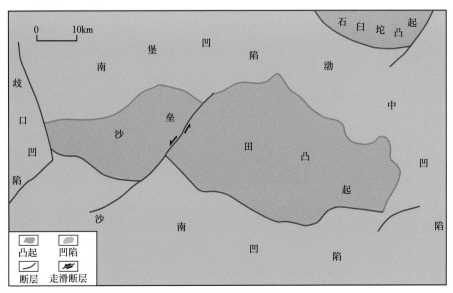

图4-16　沙垒田凸起燕山早期左行压扭示意图

支期大型隆起的特征。渤南低凸起位于环渤中地区的中—东部地区，西端有明显左行压扭错断现象（图4-17），而且潜山规模明显减小，反映燕山早期左行压扭切块成山作用在中—东部地区比较强烈。

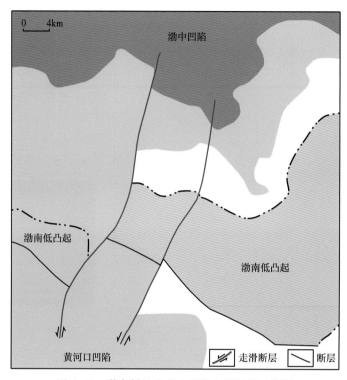

图4-17　渤南低凸起燕山早期左行压扭示意图

在沙南凹陷—埕北凹陷NW—SE向的地震剖面上，侏罗系背斜顶部遭受了剥蚀减薄，向斜核部加厚，说明燕山早期发生左行压扭走滑的同时也伴有NW—SE向挤压分量，导致了低矮宽缓背斜构造的形成，并且地层顶部遭受了一定程度的剥蚀（图4-18），但是，对潜山的形成没有太大的贡献。埕北凹陷—沙南凹陷印支期形成的逆冲断层在燕山早期重新活动，使印支晚期伸展形成的下—中侏罗统逆冲隆起剥蚀，逆冲断裂下盘成山。

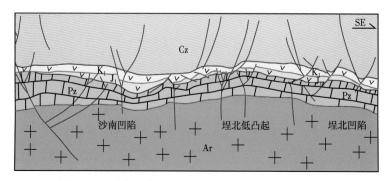

图4-18　沙南凹陷—埕北凹陷NW—SE向的地震剖面

4. 燕山中期断陷成山

在燕山中期（J_3晚期—K_1）古太平洋板块俯冲后撤以及深部的拆沉作用导致地壳减薄，华北克拉通东部陆缘发生伸展。环渤中地区在燕山中期发生强烈的伸展作用，在中部、东部地区形成一系列的 NE 向的走滑拉分断陷，断裂上盘沉积白垩系，断裂下盘形成一系列潜山。这一过程在西部地区发育相对较弱，主要表现为印支期大型断裂的再次反转和小规模的 NE 向断陷的形成，断裂下盘成山。

1）埕北凹陷

埕北凹陷位于埕北低凸起和埕子口凸起之间，保存有完好的燕山中期伸展断陷盆地构造特征，埕北凹陷下白垩统在 NW 向反转断裂上盘发育，并向断层方向呈现增厚趋势，说明早期 NW 向断裂反转形成断陷，而断裂下盘则隆起成山（图 4-19）。

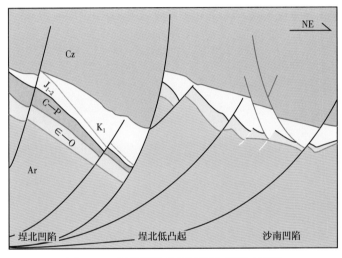

图 4-19　埕北凹陷负反转构造剖面示意图

2）渤中凹陷东南缘

渤中凹陷东南缘下白垩统沿 NE 向断裂发育，且向断裂增厚，形成一系列断陷盆地。燕山早期形成的大量 NE 向压扭断裂在早白垩世反转伸展，并控制下白垩统的沉积，断裂下盘形成一系列潜山（图 4-20）。

5. 燕山晚期挤压走滑破坏

早白垩世末期，太平洋板块运动方向由 NWW 向转为 NNW 向，整个华北东部遭受近 NW—SE 向的区域挤压构造作用，燕山中期渤海地区诸多伸展断裂开始全面反转成为逆冲断裂（图 4-21），上白垩统普遍缺失，下白垩统因遭受不同程度的剥蚀，在其顶部形成削截面。在渤海地区，目前未钻遇上白垩统，且钻遇的下白垩统多有残缺。郯庐断裂带以东地区剥蚀较严重，东南部尤甚。如莱北低凸起、莱州湾凹陷上部碎屑岩剥蚀殆尽，仅钻遇下部义县组；北部渤南低凸起底部火成岩和上部碎屑岩均有少量钻遇。燕山晚期挤压作用主要表现为对潜山带的改造，其对早期形成的潜山整体构造格局没有产生根本性影响，但是对已存在潜山内部的破碎起到了重要的作用，在中部地区使早期形成的走滑带间雁列构造进一步加强，导致潜山内部更加破碎，有利于潜山优质储层的形成。

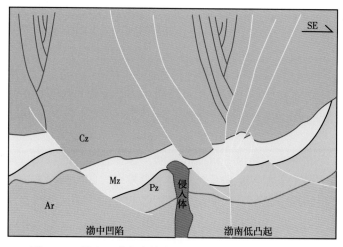

图 4-20　渤中凹陷东南缘燕山中期典型构造剖面示意图

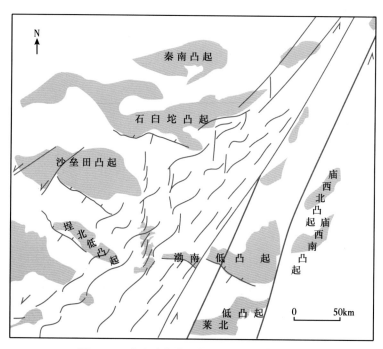

图 4-21　燕山晚期挤压构造与潜山带分布图

6. 喜马拉雅期弱走滑强断陷成山

　　环渤中地区在喜马拉雅期主要表现为强伸展弱走滑特征，使环渤中地区基底潜山最终定型。一方面伸展断陷形成新的断块山，另一方面走滑作用又对已有潜山进行叠加改造，在中部地区燕山期左行走滑带间雁列构造基础上叠加喜马拉雅期右行走滑带间雁列构造（图 4-22），致使中部地区潜山内部更加破碎，形成优质潜山储层，如渤中 19-6 构造。喜马拉雅期断裂构造的主要特征是以继承印支和燕山期构造为主，尤其切穿前中生界基底的大断裂都是早期印支期 NW 向断裂和燕山期 NE 向断裂的重新活动，形成新生代大型断陷盆地，下盘形成潜山。喜马拉雅期新生断裂构造一般规模较小，主要发育在新生界中，表现为带状或羽状雁列排布的小型断裂构造和破裂，这种构造在东部地区比较发育。

总结整个环渤中地区构造演化与成山、成圈作用机理，不难发现中生代多期、多方向大断裂在新生代作为"先存破裂"多次反转活动，控制新生代盆地隆凹相间格局。印支运动构造变形轴向为近 NW 向，其挤压动力呈 SW—NE 向，靠近动力源的环渤中西南部地区构造变形程度相对强于东北部；而燕山运动的构造变形轴向为 NNE 向，其挤压动力源来自东部，靠近动力源的东部地区构造变形和走滑相对较强。两期构造运动强度的差异，导致其叠加之后的构造形态在不同区带中亦有所差异。

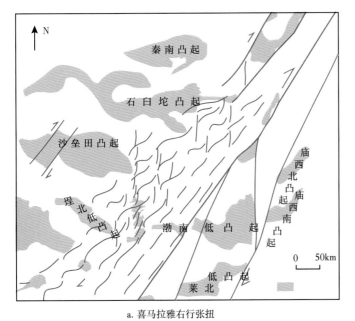
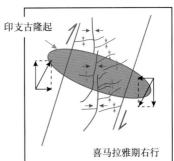

a. 喜马拉雅右行张扭   b. 带间雁列构造

图 4-22 喜马拉雅期右行张扭和带间雁列构造模式图

环渤中地区西部隆起区，整体的构造特征表现为印支期逆冲构造活动强，而燕山和喜马拉雅期的走滑和断陷改造相对较弱，印支期构造古隆起保留较完整，其长轴方向多为 NW—NWW 向，如埕北凹陷、埕北低凸起、沙南凹陷、沙垒田凸起、石臼坨凸起、南堡凹陷及曹妃甸 23—渤中 22 构造带的长轴方向都为近 NW—NWW 向展布。

环渤中地区中部断陷区印支期构造活动与燕山期改造活动均较为强烈，多期次的构造运动造成了其内部形成多条大型断裂，发育一些低矮的潜山，喜马拉雅期伸展造成其沉降，在中部断陷区中—南段形成渤中凹陷及其边缘的一些低矮潜山，如渤中 19-6 构造区和渤南低凸起（图 4-23），总体呈 EW 向展布。但是中部断陷区的北段辽东湾地区燕山期构造改造强烈，形成诸多 NE 向平行展布的凸起和凹陷。

环渤中地区东部隆起区，印支运动构造活动相对弱，而燕山期和喜马拉雅期构造改造比较强，造成得原先印支期构造隆起遭受叠加改造，造成现今诸多凹陷与凸起均呈 NE 或 NNE 向。如庙西凹陷、庙西南凸起、庙西北凸起及渤东凹陷。

总体上环渤中地区经历印支期、燕山期和喜马拉雅期构造叠加改造，形成大量的基底潜山，在不同区带内潜山的形成过程和展布特征各不相同，总体可划分为西部残留逆冲型潜山带、中部反转翘倾型潜山带和东部复杂走滑断块型潜山带。

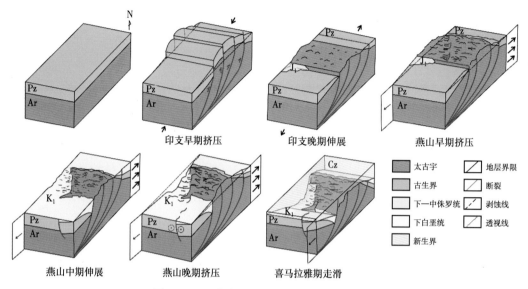

图4-23　环渤中地区基底潜山三维可视化图

第三节　构造控储作用

研究区主要发育中生界火成岩、下古生界碳酸盐岩以及太古宇变质岩潜山，尽管不同岩石类型潜山储层的类型具有差异，但构造裂缝在不同类型潜山中均占有重要的比重，表明构造裂缝对潜山储层的形成具有重要意义。

一、储层特征及类型

1. 火成岩潜山储层特征

蓬莱9-1储层岩性为中生界侵入花岗岩，中生界花岗岩潜山属裂缝孔隙性储层，根据该油气田的钻井、录井、岩心、壁心、铸体薄片及成像测井等资料综合分析，储层具孔隙和裂缝双重介质特点，储集空间组合类型以裂缝—孔隙型为主，其次为裂缝型。

1）溶蚀孔隙

岩心和镜下观察，花岗岩结构较致密，原生孔隙不发育，主要发育溶蚀孔隙，包括晶内、晶间溶孔和岩石碎块间溶蚀孔隙。晶内溶孔以斜长石和角闪石溶孔较常见，碎块间溶蚀孔隙在风化带顶部较常见，岩块间充填有松软的泥质风化淋滤物，其间的空隙即为溶蚀孔隙。铸体薄片分析，潜山储层碎裂颗粒粒间孔以及晶内、晶间溶孔普遍存在，多为半充填（图4-24a、b、c、d）。

2）裂缝

本区构造裂缝和溶蚀构造缝发育，据测井解释裂缝倾角主要为0°~70°，以中低角度缝偏多，分析认为是由于直井钻遇高角度缝概率小所致。该区裂缝组系特征明显，分析认为裂缝产状主要受断裂应力的影响。根据成像测井对裂缝走向的统计，PL9-1-1井、PL9-1-2井、PL9-1-4井、PL9-1-5井和PL9-1-8井的裂缝走向主要以NE向为主，受边界断层影响明显。PL9-1-7井和PL9-1-13井的裂缝走向以近东西向为主，受北侧断层影响明显。PL9-1-11井和PL9-1-14井的裂缝走向以北东向为主，受南侧断层影响明显。岩心观察可看到相同现象。根据岩心壁心观察和铸体薄片显示，微观裂缝仍以构造缝、溶蚀构造缝为主，此外，还有少量节理缝、晶间缝等。镜下裂缝多呈不规则状，缝宽一般为10~100μm，部分可达0.8mm，扩溶现象比较普遍，并将周边溶蚀孔隙连通起来，形成网状缝，有效沟通渗流通道和储集空间（图4-24e、f、g、h）。

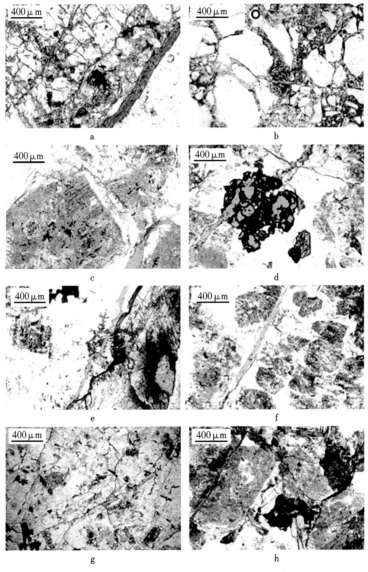

图4-24　蓬莱9-1油田典型储层微观特征

3) 储层垂向分带特征

统计了全区 17 口井的物性数据，结果显示孔隙度在垂向上亦具有明显的分带性。距风化壳顶部 120m 之内，孔隙度自顶向底具有明显降低的趋势，而 120m 之下又出现了两个明显的高孔隙带，分别位于 120~200m 以及 240~300m。120m 之上受风化作用控制明显，因此其储集物性具有自顶部向底部降低的趋势。其中 30m 之上孔隙度多分布于 5%~30%，对应风化砂砾岩带，这一厚度较 PL9-1-5 井的厚度相当。30~85m 孔隙度多分布于 1%~5%，说明该带整体孔隙度较低，同时孔隙度整体上又具有自上而下降低的趋势，与差异风化溶蚀作用有关，因此该带代表风化裂缝带的特征。120m 之下，存在多个相对高孔隙带，这些带孔隙度无规律性变化，表明不受风化作用影响；孔隙度整体低于 10%，部分高孔隙带是基岩带内构造裂缝的发育所致。

不同的带由于遭受构造运动、风化淋滤改造程度差异，其储集空间类型以及储集物性具有差异性。对 PL17 井垂向上 16 个壁心进行了物性、铸体薄片以及孔隙图像定量分析。除风化黏土带以泥岩为主，未取样外，样品覆盖了其他所有带。其中风化砂砾岩带储集物性最好，孔隙度为 6.5%~25.6%，平均为 17%，且整体具有向下降低的趋势；风化裂缝带与基岩带孔隙度整体相当，但明显低于风化砂砾岩带，孔隙度介于 5.5%~7.5%，平均仅为 6.5%。成像测井揭示，风化黏土带为相对均质的暗色图案，指示为完全风化的黏土，为非储层；风化砂砾岩带中可见大量的亮色角砾以及暗色的粒间孔；而风化裂缝带和基岩带中则主要为裂缝（图 4-25）。

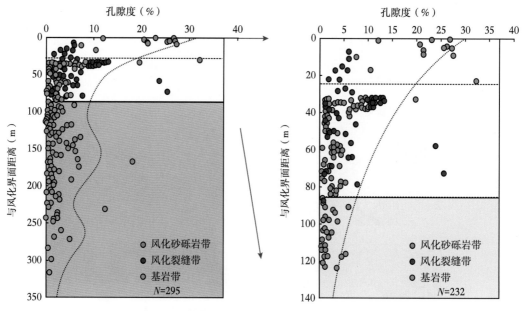

图 4-25　蓬莱 9-1 构造井垂向储集物性分布特征

铸体薄片及孔隙图像定量分析也表明，风化砂砾岩带中储集空间最为多样，包括裂缝、胶结物溶蚀孔、粒间溶蚀孔以及粒间孔，其中又以粒间溶蚀孔以及粒间孔为主，可占总储集空间的 61%~100%，平均占 70.63%，说明该带主体以各类孔隙为主。风化裂缝和基岩带主要以裂缝为主，风化裂缝带中局部可见沿裂缝的溶蚀孔，孔隙定量分析结果显示两个带裂缝占主要储集空间的74.3%~99.7%，平均为88.2%。即垂向上自上而下，储集空间具有由孔隙向裂缝有序变化的特征（图4-26）。

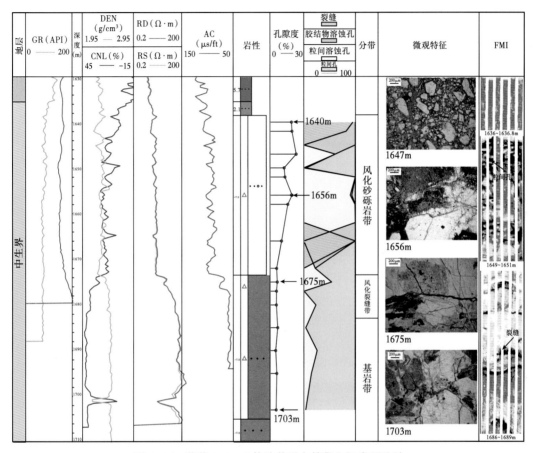

图4-26　蓬莱9-1-17构造井垂向储集空间类型差异

2. 碳酸盐岩潜山储层特征

基于钻井取心、岩石薄片鉴定以及成像测井资料，从不同角度探讨了岩溶储层类型及其特征，整体而言，研究区岩溶储层可划分为潜山型与内幕型两大类。

渤中探区古生界储层类型较为多样，整体可以划分为沿潜山不整合分布的潜山型储层以及分布于潜山内幕中的内幕型储层。岩心中潜山型储层以岩溶角砾砾间孔、风化缝为主要储集空间，BZ29-1-1井在2274m见潜山型岩溶角砾岩，角砾成分主要为白云岩，角砾间见大量未充填孔洞（图4-27a）。风化壳潜山型储层中裂缝亦发育，但后期裂缝多被充填，成为无效储集空间（图4-27b）；薄片下，潜山型储层中破碎角砾砾间孔与裂缝均常见，未充填部分为有效储集空间（图4-27e）且砾间孔多见荧光（图4-27h），同时见大量方解石充填缝（图4-27f），荧光薄片下充填裂缝无荧光显示，为无效储集空间（图4-27g）。

81

内幕型储层主要分布于风化带 120m 之下的白云岩中，岩心上主要为溶蚀孔缝，裂缝少见（图 4-27c、d），薄片下可见晶间孔（图 4-27i）、溶蚀孔洞（图 4-27k、l、p），偶见构造缝（图 4-27j），亦可见溶蚀缝（图 4-27o），多具不规则形态，荧光薄片下裂缝与晶间孔均可见丰富的荧光显示（图 4-27n、o），表明其多为有效储集空间，储层有效性较好，另外，在白云岩储层中，还可见硬石膏溶蚀孔（图 4-27m）。

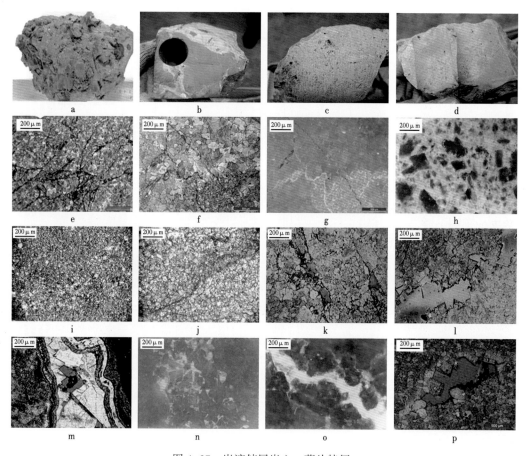

图 4-27　岩溶储层岩心、薄片特征

物性统计结果亦表明，研究区白云岩储层较石灰岩具有较高的孔渗能力。其中粉晶白云岩孔隙度最好，平均可达 7% 左右，随着白云岩晶粒的增加，孔隙度有降低的趋势，这可能与埋藏作用过程中晶粒增大挤占孔隙空间有关。石灰岩孔隙度基本在 2% 左右，且其渗透率基本小于 0.5mD，物性极差（图 4-28）。

3. 太古宇变质岩潜山储层特征

渤中探区变质岩潜山主要的储集空间为各种裂缝。宏观裂缝主要以剪切缝为主，此类裂缝具有平直的缝面，且往往延伸较远，但缝面较窄，取心揭示的裂缝宽度多在 1mm 左右。岩心上可见不同时期的裂缝相互切割，表明研究区的裂缝具有多期形成的特点（图 4-29a）。部分裂缝形成之后沿着缝面发生过强烈的溶蚀，形成了沿裂缝的溶蚀孔洞，这些溶

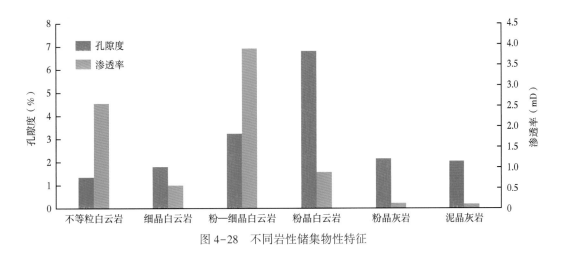

图 4-28　不同岩性储集物性特征

蚀孔洞后期遭受了不同程度的充填，主要充填物为方解石以及自形程度较好的石英（图4-29b），即使如此，此类裂缝仍具有较好的储集物性与渗流能力。碎裂岩中可见大量的裂缝、粒间孔以及粒内溶孔，同样构成了孔隙—裂缝型储集空间；大的变质岩角砾中可见不同程度的裂缝发育，这些裂缝切穿矿物颗粒，同时在颗粒内部形成粒内溶孔，另外在角砾之间发育了大量的粒间孔（图 4-29c），这些粒间孔使得本身致密的岩石储集性能得到极大提升。

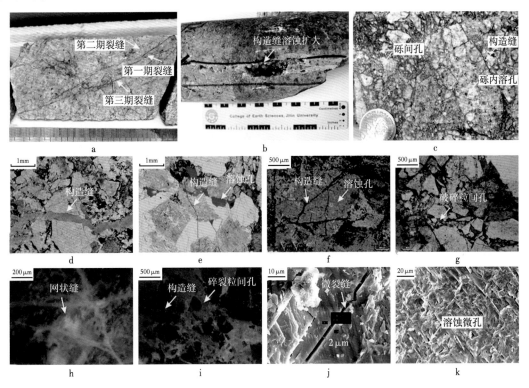

图 4-29　渤中 19-6 凝析气田太古宇储层储集空间特征

薄片上，同样可见大量的裂缝发育，裂缝宽度多小于0.5mm，这些裂缝切穿了矿物颗粒，使得岩石发生破碎；部分裂缝被方解石充填，但仍有大量开启，保持着有效性（图4-29d）。裂缝为有机酸、大气淡水的渗流提供了通道，裂缝的形成是后期溶蚀的前提与基础。薄片下部分裂缝并非孤立的存在，而是与溶蚀孔伴生，这种现象在风化壳300m以内最为常见，主要表现为长石以及云母矿物的溶蚀（图4-29e）。粒内缝与粒内溶孔是研究区另一种重要的储集空间类型，裂缝往往局限在矿物颗粒内部发育，且矿物颗粒发生不同程度的溶蚀（图4-29f），这与不同矿物的岩石力学性质以及选择性溶蚀有关。碎裂岩中发育大量的破碎粒间孔，破碎形成的颗粒多呈棱角状，部分颗粒之间甚至可以拼合，粒间发育大量的孔隙，使得原本致密的岩石可以形成孔隙型储层（图4-29g）。

荧光薄片中，无论是构造裂缝形成的网络，还是碎裂化形成的破碎粒间孔中均可见丰富的荧光显示（图4-29h、i），证实上述的储集空间均是有效的储集及渗流通道。事实上，研究区还发育尺度更小的裂缝与孔隙，扫描电镜下，可见缝宽$2\mu m$的构造缝以及粒内溶蚀孔（图4-29j、k），这些微米级别的储集空间较宏观裂缝与孔隙分布范围更广，发育数量更多，对于凝析气的储存同样具有重要意义。

对渤中19-6构造10余口钻井的岩心、壁心资料进行物性分析，339个样品的孔隙度与渗透率交会图显示两者相关性较差（图4-30a），证实研究区储层中裂缝确实占有重要的地位。496个孔隙度样本统计表明，研究区孔隙度分布范围较大，多低于20%，平均值为5%，略高于白虎油田（白虎油田孔隙度为3%~5%）；孔隙度主要分布在1%~10%，其中孔隙度介于1%~5%的占总样本的56.45%，而介于5%~10%的占总样本的28.63%，孔隙度在15%以上的仅占总样本数的1.61%（图4-30b）。339个渗透率数据统计表明，研究区基质渗透率平均值为6.48mD，但样本主要在1mD以下，其中又以0.01~1mD占主体，0.01~0.1mD的样本占总体的43.36%，0.1~1mD的样本占总体的34.22%，而渗透率大于1mD的仅占总体的21.35%（图4-30c）。值得注意的是，由于样本主要为相对致密的岩石，裂缝较少，所测量的孔隙度与渗透率只能代表基质孔隙度、渗透率特征。

潜山储层的垂向分带一直是储层研究的重点之一，大量学者根据垂向上储层的类型差异，储层的成因差异以及测井响应的差异对不同地区储层进行了分带研究。目前最为常见的是基于风化壳模式，在垂向上将储层划分为风化砂砾岩带、风化裂缝带以及基岩带，部分学者根据实际情况增加了内幕裂缝带。研究区与传统风化壳潜山具有较大的差异，表现为风化壳欠发育，储集体主要为构造裂缝，这一特征与白虎油田相同。

BZ19-6-7井钻探潜山968m，潜山底界近5500m，油气显示活跃，测井解释气层401m，储地比可达41%。垂向上，根据电阻的相对高低可以明显划分为三段：上部潜山顶至4754m为明显低阻特征，表明该带储层极为发育，关于该带的储层成因及分带存在较大争议，已有报道多倾向将潜山顶部裂缝带归类为风化裂缝带，笔者认为其成因以构造裂缝为主，后期叠加淋滤溶蚀，定义为上部溶蚀裂缝带更为合适，存在以下证据：（1）在进山0.1m处的岩心上见大量的裂缝，这些裂缝具有一定的方向性，且相互切割，为构造成因，同时岩石十分新鲜，并未出现强烈的风化蚀变特征；（2）成像测井上主要呈暗色正弦特征，指示裂缝发育，且沿正弦条带见暗色孔洞，表明沿裂缝存在溶蚀现象；该带成像测

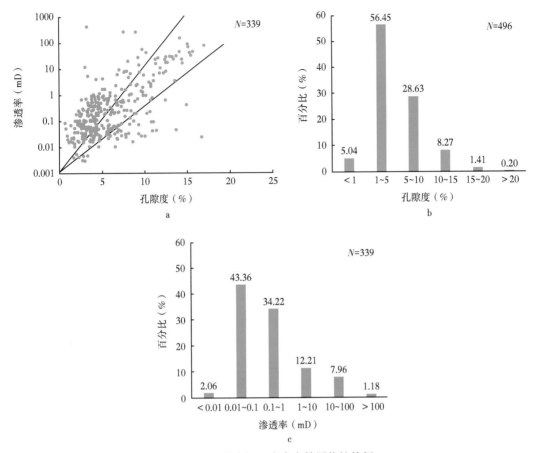

图 4-30 渤中探区太古宇储层物性特征

井统计的裂缝的走向具有明显的 NEE、EW 向优势方向，同时裂缝的倾角与中部、下部的构造裂缝带具有相似的特征，也证实该带裂缝主要为构造成因而非风化成因；（3）全岩分析中，长石以及黏土矿物含量在垂向上无规律性增加或减少趋势，这与风化作用差异溶蚀形成的长石含量向下递增，黏土含量向下递减不吻合（图 4-31）。

中部 4754~5086m 为相对高阻背景下锯齿状跳跃，指示整体储层较差，仅局部发育储层，为中部相对致密带。该带储地比低，壁心上裂缝欠发育，岩石新鲜；成像测井上主要呈亮色背景，也指示裂缝欠发育，由于裂缝发育程度低，裂缝走向不存在明显的优势方向，但是倾角仍以中—高角度为主；受裂缝发育程度较差，难以与大气淡水沟通的影响，该段具有高的长石含量及低的黏土含量，表明溶蚀作用较弱（图 4-31）。

下部 5086~5491m 具有低阻特征，为下部裂缝带。壁心破碎，表明该带裂缝发育程度高；成像测井与上部溶蚀裂缝带相似，但溶蚀强度明显低于上部裂缝带；裂缝走向与倾角特征均与上部溶蚀裂缝带相似，证实其均为统一构造应力背景下的产物。值得注意的是，该带也存在长石含量的降低与黏土含量的增加（图 4-31），表明该处亦发生了较为强烈的溶蚀，但该带的溶蚀较上部裂缝溶蚀带更具有选择性。

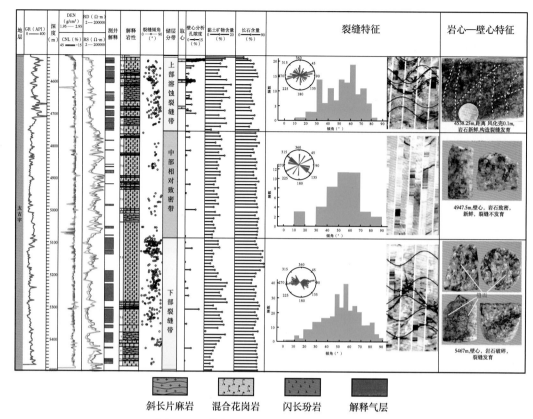

图 4-31　渤中探区太古宇储层垂向分带特征

二、岩石破裂物理模拟

为揭示环渤中地区不同类型潜山岩石的裂隙发育特征，选择华北克拉通基底岩石（斜长角闪岩、二长花岗岩、片麻状花岗岩和花岗质片麻岩）和盖层岩石（石灰岩、白云岩、玄武岩和安山岩）共计八种潜山代表性岩石作为研究对象，通过张性和压性条件下的岩石物理实验，使用声发射技术监测实验过程中出现的微裂隙，比较同等应力条件下各岩石样品的微裂隙发育数量、声发射事件率、时空分布等参数特征，并结合实验后岩石薄片镜下观察，总结不同岩性的样品在压性和张性环境下裂隙发育规律。

结合环渤中地区在不同地质历史时期经历了挤压和拉张构造应力场，分组进行了压性和张性条件的岩石加载实验。压性实验样品共 28 件，为直径 40mm、高 80mm 的圆柱样品；张性实验样品共 14 件，为直径 60mm、高 30mm 的圆盘样品。实验中使用 16 个直径为 5mm 的声发射探头固定于实验样品表面，用于接收和记录声发射信号。实验采用荷载控制方式进行加载，压性实验的加载速度为 0.1kN/s，张性实验的加载速度为 0.02 kN/s，实验过程中保持加载过程与声发射全波形采集。

1. 基底岩石压性实验

1）斜长角闪岩

在加载初期荷载较小的情况下，斜长角闪岩就出现少量的声发射事件，但事件率水平不高。25s事件率有一次较为明显的突增，可能是由于压密阶段样品中原有的裂隙闭合及少量新的微裂隙的产生造成的。根据定位结果显示此阶段的声发射事件零星分布于样品两端。此后很长一段时间随着荷载的增加，声发射总数持续增加但增速不高，事件率一直维持在较低的水平。这一阶段声发射定位主要集中在样品上部，一定量的微裂纹在样品上部发育，样品中部则是明显的声发射空白区域。605s后，声发射事件率开始明显上升，并在753s时达到最大，此阶段声发射的定位事件大量出现于样品的中上部，此前的声发射空白区域逐渐缩小乃至消失，说明样品在这一时期集中产生了大量新的微裂隙与先前产生的微裂隙汇合并向中间扩展。735s后斜长角闪岩声发射率回落并在峰值应力前跌至较低的水平，此时微裂隙几乎布满整个样品，形成了宏观贯通裂缝（图4-32）。

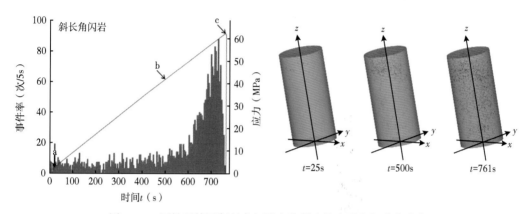

图4-32　压性环境下斜长角闪岩声发射事件率及空间分布演化

70%峰值荷载下斜长角闪岩各阶段的声发射空间分布特征如图4-33所示，在各个应力阶段斜长角闪岩样品产生微裂隙的数量较为接近。

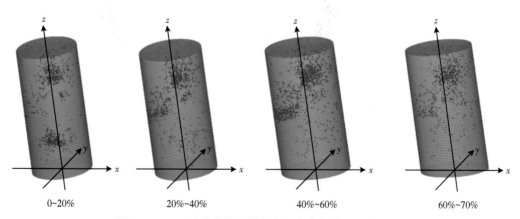

图4-33　70%峰值荷载下斜长角闪岩声发射空间分布演化

压性环境下斜长角闪岩的裂缝发育特征如图4-34所示，在放大倍数为5的物镜下可以观察到受压后的斜长角闪岩发育明显的张节理，微裂缝发育程度较高。

图 4-34 70%峰值荷载下斜长角闪岩裂缝特征

a—单偏光; b—正交偏光

2) 二长花岗岩

二长花岗岩的整个变形破裂过程中都持续有声发射事件产生, 声发射事件率整体呈逐渐增加的趋势, 且明显高于其他岩性样品。虽然声发射率整体呈上升趋势, 但加载过程中高低声发射率是间歇出现的, 实验中 475s、1125s、1530s、1730s 时分别出现明显的声发射事件率突增现象, 并将整个变形破坏过程分为数个阶段。声发射定位结果显示: 加载初期微裂隙主要在样品两端零星产生, 475s 时的大量声发射出现在样品下部, 形成新的微裂隙。此后声发射数量随载荷增加继续上升, 并持续定位在样品下部形成一个明显的声发射集中区域。样品上部存有零星的少数定位结果, 中部则为声发射空白区域, 说明样品下部的大量裂纹持续产生并开始稳定扩展, 逐步成核汇合。475s 后声发射定位开始出现于样品的上中部分, 上半部分的定位结果逐渐密集, 中部声发射空白区逐渐消失, 随着应力水平的提高, 新的微裂隙开始在样品的中上部产生。1530s 开始样品的声发射率突增, 短时间内大量的声发射事件产生于样品上部, 形成第二个声发射集中区, 说明这个阶段大量微裂纹在样品上部产生并扩展。此后样品的声发射定位结果逐渐向中部集中, 两端的微裂隙向中间拓展、贯通并于最后形成宏观贯通裂缝。说明二长花岗岩的变形破坏过程是一个典型的由大量小裂隙拓展成大裂纹最终汇合贯通的过程 (图 4-35)。

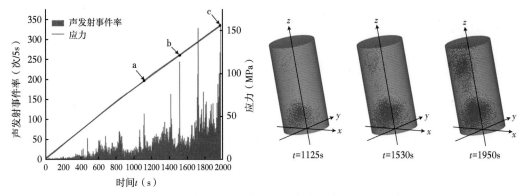

图 4-35 压性环境下二长花岗岩声发射事件率及空间分布演化

　　70%峰值荷载下二长花岗岩各阶段的声发射空间分布特征如图4-36所示，绝大多数的微裂隙产生于低应力阶段并定位于样品下部。压性环境下二长花岗岩的裂缝发育特征如图4-37所示，在放大倍数为5的物镜下可以观察到压应力环境下的二长花岗岩发育有数量较多长度中等的张节理，以及数条更长更宽的呈共轭关系的剪节理，裂缝发育程度较高，交叉切割，连通性好。

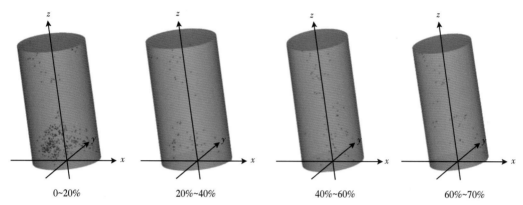

| 0~20% | 20%~40% | 40%~60% | 60%~70% |

图4-36　70%峰值荷载下二长花岗岩声发射空间分布演化

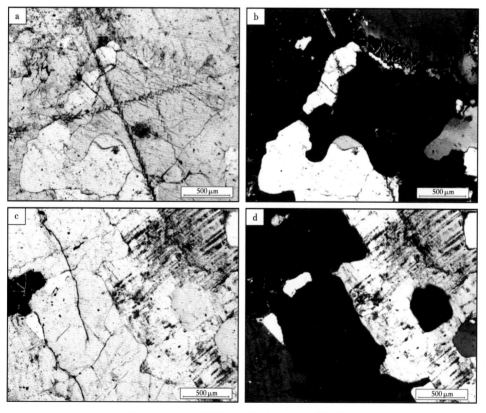

图4-37　70%峰值荷载下二长花岗岩裂缝特征

a、c—单偏光；b、d—正交偏光

3）片麻状花岗岩

片麻状花岗岩在加载初期样品内极少有微裂隙产生，在接近30s加载后出现了一段持续25s的声发射事件率突增区。这个阶段的声发射事件集中出现对应于定位结果中样品上部一小块区域内，说明片麻状花岗岩样品较为均匀，先存的裂隙较少，持续加载后在样品上部产生的新的微裂隙。此后片麻状花岗岩样品进入较长时间的弹性变形阶段，除了零星数个声发射产生，事件率几乎为零。直到1670s后样品压缩变形进入破裂阶段后，大量的微裂隙在样品中产生，事件率急剧增加。塑性变形阶段大概持续45s左右，样品产生了实验近80%的可定位微裂隙。从定位结果来看，短时间内声发射事件在样品上部爆发产生，迅速形成了一个明显的裂隙集中区，此后样品中下部分也出现了较有规模的声发射定位。定位结果说明，这个阶段样品上部的大量微裂隙在产生后稳定发育并迅速拓展汇合，逐渐成核并向样品下—中部进一步拓展形成一条大的裂纹，最终形成贯通的裂缝（图4-38）。

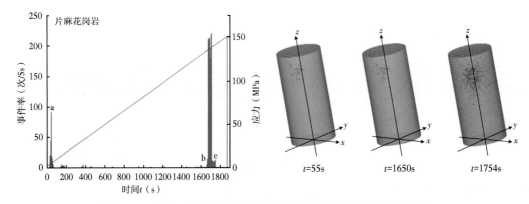

图4-38 压性环境下片麻状花岗岩声发射事件率及空间分布演化

70%峰值荷载下片麻状花岗岩各阶段的声发射空间分布特征如图4-39所示，在各个应力阶段片麻状花岗岩样品产生的微裂隙数量都较少，表明在压性环境下大多数的微裂隙都产生于接近峰值荷载的破坏阶段。

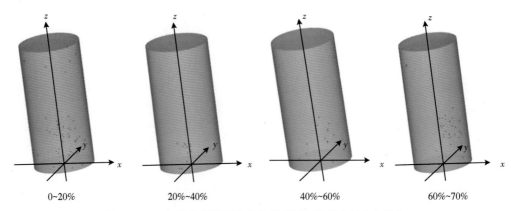

图4-39 70%峰值荷载下片麻状花岗岩声发射空间分布演化

90

　　压性环境下片麻状花岗岩的裂缝发育特征如图4-40所示，在放大倍数为5的物镜下可以观察到压应力环境下的片麻状花岗岩主裂缝是一组长而宽的剪节理，并发育数条稍细的剪节理相互切割，数量较多长度中等方向不一的张节理，裂缝发育程度较高，连通性好。

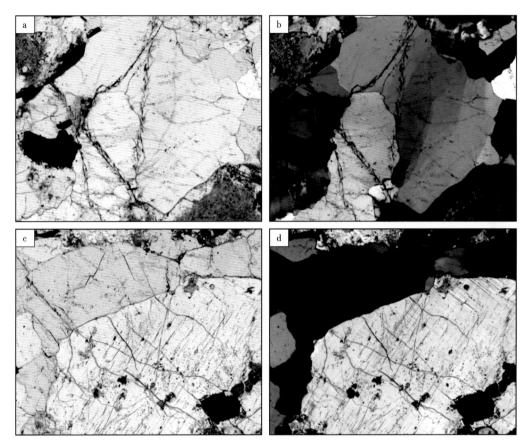

图4-40　70%峰值荷载下片麻状花岗岩裂缝特征
a、c—单偏光；b、d—正交偏光

2. 基底岩石张性实验

1) 斜长角闪岩

　　斜长角闪岩变形破裂过程中声发射特征较为典型。加载过程的前400s，斜长角闪岩样品的声发射率一直处于稳定状态。根据声发射定位结果显示这个阶段声发射主要发生在样品上部，说明一定数量的微裂隙在此阶段产生，并随着应力的增加而发生稳定扩展。400s后样品声发射率大幅上升，大规模的可定位微裂隙短时间内集中产生。此时的声发射事件定位除了出现在样品上部的集中区域外，在样品的中下区域也出现了声发射事件集中区，说明样品上部的裂隙在拓展成核的同时，随着应力的增加样品中下部分出现了大量新的微裂隙。450s时应力出现一次明显的下降，此时上下裂缝贯通形成宏观破裂面，与同一时刻声发射结果吻合（图4-41）。

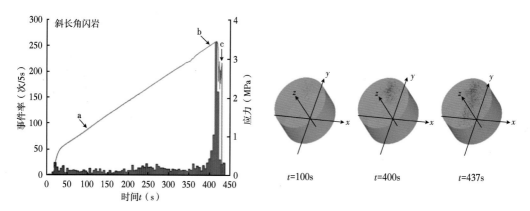

图 4-41　张性环境下斜长角闪岩声发射事件率及空间分布演化

张性环境下斜长角闪岩的裂缝发育特征如图 4-42 所示，除了实验后产生的宏观裂缝外，在放大倍数为 5 的物镜下可以观察到在张性环境下斜长角闪岩的裂缝发育程度很高，短而细的裂缝交叉成网状密集分布。

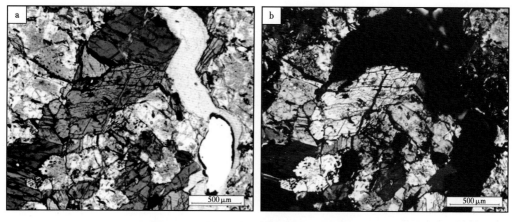

图 4-42　张性环境下斜长角闪岩裂缝特征
a—单偏光；b—正交偏光

2）二长花岗岩

二长花岗样品较为均匀，没有过多的先存裂隙，实验开始 15s 后才陆续有新的可定位微裂隙产生，并出现一次短暂的事件率突增。从定位结果来看，二长花岗岩样品早期的声发射事件分布较为均匀，没有形成其他岩性样品明显的裂隙集中区域。随着载荷的增加，声发射累计以较低的事件率持续上升，样品内部裂隙分布依旧相对均匀。520s 后声发射事件率开始上升，并在 575s 时达到最高。此时样品内新增的声发射出现在样品中上部，形成明显的条状聚集区，说明大量微裂隙在此时产生且迅速扩展，汇合贯通形成滑动面。观察结果显示最后阶段的声发射定位的集中区与样品最终宏观破裂面一致（图 4-43）。

张性环境下二长花岗岩的裂缝发育特征如图 4-44 所示，除了实验后产生的宏观裂缝

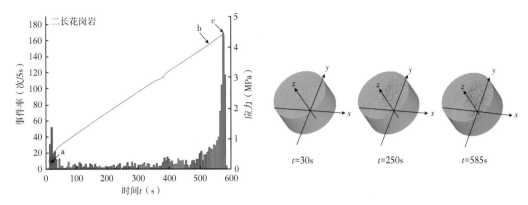

图 4-43　张性环境下二长花岗岩声发射事件率及空间分布演化

外，在放大倍数为 5 的物镜下可以观察到不同类型的微裂缝。张性环境下斜长角闪岩的主裂缝为长而宽的剪节理，此外发育有数量较多长度中等的张节理，裂缝发育程度较高，呈交叉切割，连通性好。

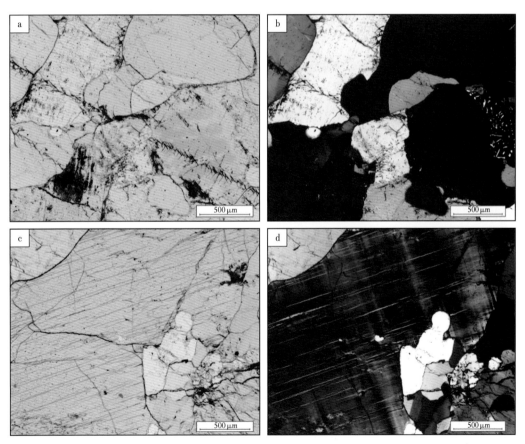

图 4-44　张性环境下二长花岗岩裂缝特征
a、c—单偏光；b、d—正交偏光

3）片麻状花岗岩

片麻状花岗岩在劈裂实验中声发射事件出现较晚，在实验初期较低的张应力条件下微裂隙产生的数量不多，而声发射事件率保持较低的水平。此阶段的定位结果显示，较少的声发射事件零星分布在样品右半部分，而右半部分出现较为明显的声发射空白区域。说明在实验初期除了少量的先存微裂隙被压实之外，样品的左半部分产生了一定规模的新裂隙。300s及450s时样品声发射事件率出现两次突增，反映到定位结果来看，短时间内大量声发射密集出现于样品的左半部分，与之前的定位事件形成声发射集中区。意味样品左半部分形成的微裂隙在这段时间内稳定扩展且逐渐汇合贯通。730s后样品声发射率开始稳步提升，并在劈裂实验峰值强度前达到最高，此时样品右半部分的声发射空白区被大量新的可定位微裂隙迅速填充，形成第二条贯通的裂缝（图4-45）。

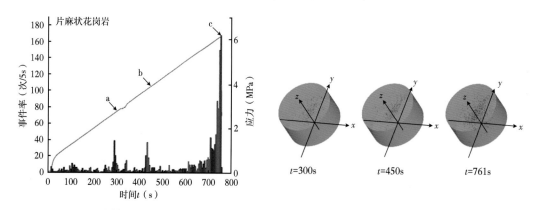

图4-45　张性环境下片麻状花岗岩声发射事件率及空间分布演化

张性环境下片麻状花岗岩的裂缝发育特征如图4-46所示，除了实验后产生的宏观裂缝外，在放大倍数为5的物镜下可以观察到张性环境下片麻状花岗岩在宏观裂缝周围发育有数条与宏观裂缝方向一致的张节理以及长度中等宽度较大的剪节理。

4）花岗片麻岩

花岗片麻岩在低张应力阶段的较短时间内小规模声发射事件出现，大部分产生的微裂隙定位于样品中部。进入弹性变形阶段后，样品声发射事件率回落，此后近100s内随着应力的增加只有极少的微裂隙产生。125s后样品声发射事件率逐渐上升，并在200s前后达到最大，此时应力曲线上显示出明显的应力降现象。声发射定位结果显示，这个阶段大量声发射事件在样品中部产生并向两端延伸，意味着样品中部的微裂隙在这个阶段内不断汇聚成核并向两端扩展，最终形成一条贯通的裂缝。此后样品声发射事件率下降并趋于稳定，直到宏观破裂面出现，最后阶段的微裂隙几乎遍布整个样品内部，破坏程度较高（图4-47）。

张性环境下花岗片麻岩的裂缝发育特征如图4-48所示，除了实验后产生的宏观裂缝外，在放大倍数为5的物镜下可以观察到压应力环境下的花岗片麻岩发育有数量较多长度中等的张节理以及数条更长更宽的成共轭关系的剪节理，裂缝发育程度较高，呈交叉切割，连通性好。

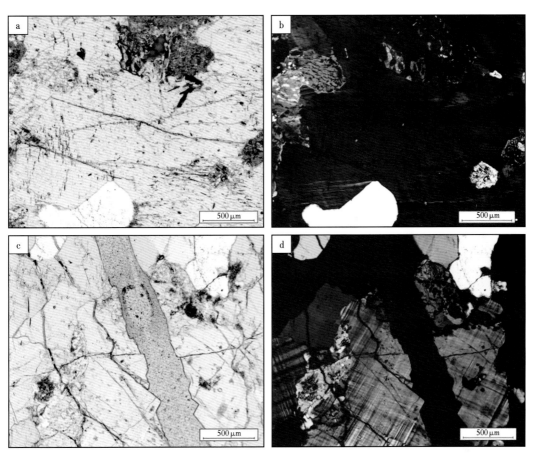

图 4-46　张性环境下片麻状花岗岩裂缝特征

a、c—单偏光；b、d—正交偏光

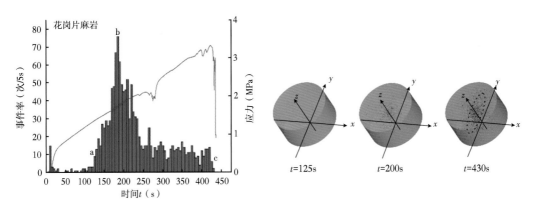

图 4-47　张性环境下花岗片麻岩声发射事件率及空间分布演化

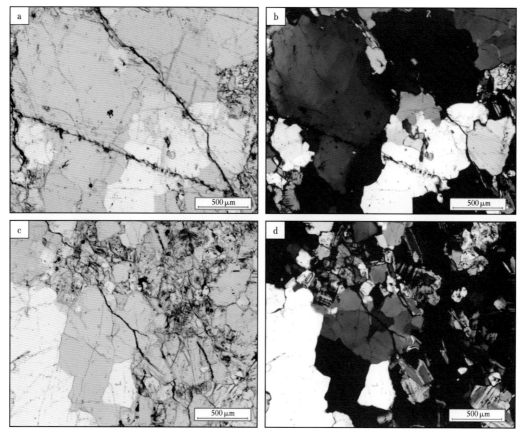

图 4-48　张性环境下花岗片麻岩裂缝特征

a、c—单偏光；b、d—正交偏光

3. 盖层岩石压性实验

1）石灰岩

石灰岩在整个实验中声发射率及声发射累计总数都处于很低的水平，远小于其他岩性样品。在初期压密阶段，样品有声发射事件产生，但是活动水平很低，持续约 400s，声发射定位结果显示，这一阶段的事件主要出现在样品下部，集中程度较高，说明除去少数原有裂隙外，样品下部产生了新的微裂隙。此后随着应力水平上升，样品继续压密声发射活动较少甚至中断。1800s 后实验进入塑性变形阶段，声发射率达到最高，声发射定位结果主要出现于样品的中上部分，说明新的微裂隙在上部产生同时，下部已有的微裂隙往上稳定拓展。此后声发射事件仍不断上升，然而事件率在峰值应力前不断回落，最终产生贯通的裂缝（图 4-49）。

70% 峰值荷载下石灰岩各阶段的声发射空间分布特征如图 4-50 所示，低应力阶段较多的微裂隙就在样品下部产生。压性环境下石灰岩的裂缝发育特征如图 4-51 所示，在放大倍数为 5 的物镜下可以观察到压应力环境下的石灰岩裂缝发育程度较低，为数不多的张节理长度中等，连通性较差。

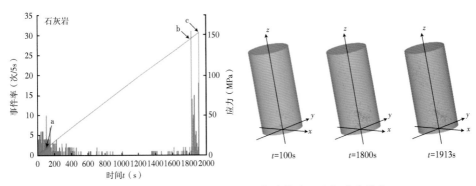

图4-49　压性环境下石灰岩声发射事件率及空间分布演化

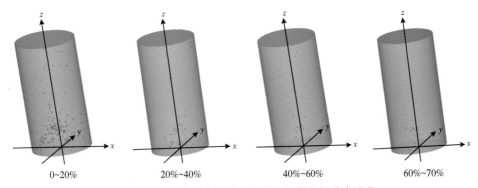

图4-50　70%峰值荷载下石灰岩声发射空间分布演化

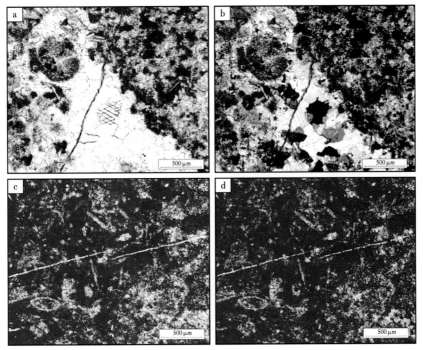

图4-51　70%峰值荷载下石灰岩裂缝特征

a、c—单偏光；b、d—正交偏光

2）白云岩

加载初期的低压应力阶段，样品的中下部声发射增长稳定，此阶段大约持续了340s，表明样品的中下部最早产生新的微裂缝。340s后，新增声发射事件几乎为零，只有在样品中下部有零星的声发射事件产生，声发射活动基本处于平静期，即该阶段白云岩内部没有发生大尺度破裂，只是由先存在于岩石内的原生裂隙及颗粒间的挤压和滑移摩擦造成少量声发射事件发生。3000s后，随着应力水平的上升，样品上部声发射累计事件逐渐增加，说明这个阶段微裂隙在样品上部产生并持续扩展。4230s声发射累计事件有一次非常明显的突增，这一瞬间产生的声发射事件达到了此次实验的35%。从定位结果来看，短时间内声发射事件在样品中上部突然产生，迅速形成了一定范围的声发射区位。在实验最后100s，声发射累计事件再一次突增，从定位结果来看，该阶段样品上部和下部的大量微裂纹迅速扩展汇合，逐渐成核并形成一条大的裂纹，最终形成贯通的裂缝，样品宏观遭到破坏（图4-52）。

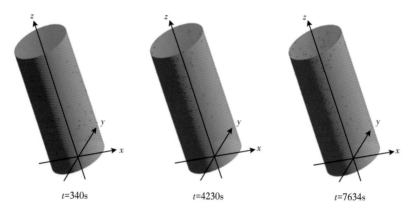

t=340s　　　　t=4230s　　　　t=7634s

图4-52　压性环境下白云岩声发射事件空间分布演化

3）安山岩

安山岩在加载初期出现较高的声发射率，大约持续了75s。根据声发射定位结果显示此阶段产生的声发射事件除了零星分布于两端外，有一部分集中出现在样品中心部位的一小块区域，是压密阶段较为明显的新微裂隙的产生造成的。此后声发射率回落并在很长一段时间内处于很低的水平，声发射事件累计随应力增长缓慢。1000s时出现一次较为明显的声发射事件率徒增，与之对应的定位结果显示这次较大规模声发射集中出现于样品中下部，说明样品早期位于中部的微裂隙在中等压应力水平下开始稳定向下扩展。直到2000s时样品进入塑性破坏阶段，声发射事件率快速上升，大量微裂隙在样品中集中出现。此时的声发射定位几乎集中于样品的中部，上个阶段样品上下部分声发射事件空白区被迅速填充，不同位置的微裂隙实现汇合并逐渐贯通。峰值应力前声发射率出现回落，至几乎消失随后突增至最高，此时样品宏观贯通裂缝出现，与声发射定位结果相符（图4-53）。

70%峰值荷载下安山岩各阶段的声发射空间分布特征如图4-54所示，可以观察到峰值强度前绝大多数的微裂隙产生于低应力阶段。压性环境下安山岩的裂缝发育特征如

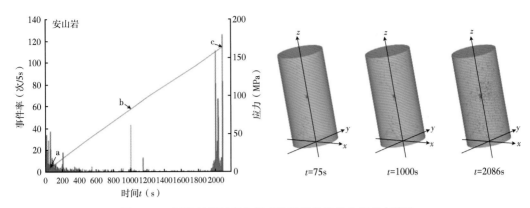

图 4-53　压性环境下安山岩声发射事件率及空间分布演化

图 4-55 所示，在放大倍数为 5 的物镜下可以观察到压应力环境下的安山岩发育有少量明显的张裂隙，但数量少，密度低，连通性较差，裂缝发育程度较低。

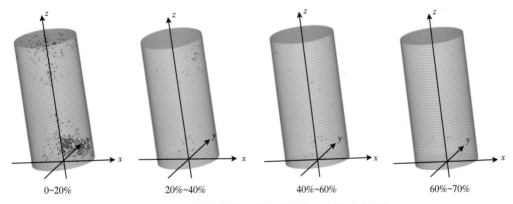

图 4-54　70%峰值荷载下安山岩声发射空间分布演化

4）玄武岩

玄武岩的声发射累计总数不高。根据声发射定位结果显示，在加载初期，声发射活动性低，只有少量的微裂隙在样品的中下部产生，主要原因是样品较为均匀，现存的裂缝较少，并且分布在中下部。此阶段的声发射是由于先存裂隙的闭合和少量新破裂所产生。在实验最后 500s，随着应力水平的上升，可定位的声发射事件在样品的上部逐渐增加，这个阶段产生的声发射事件占整个实验过程的 72.3%。随着样品上部微裂隙向下扩展延伸，大量裂纹汇聚成核，在样品的上部扩展形成一条大的裂纹，最终形成贯通的裂缝（图 4-56）。

4. 盖层岩石张性实验

1）石灰岩

石灰岩样品在劈裂实验中产生的声发射事件累计及事件率水平都较低，且持续时间较短。实验开始时很快就产生声发射事件，200s 前声发射事件率总体随张应力的增加。从定位结果来看，这一阶段声发射事件主要集从在样品下端的较小的一块区域内，集中程度很

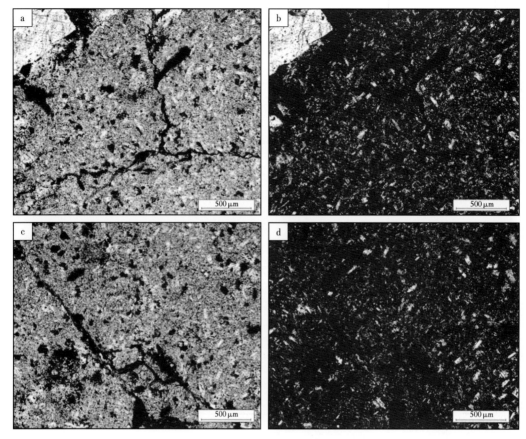

图 4-55　70%峰值荷载下安山岩裂缝特征
a、c—单偏光；b、d—正交偏光

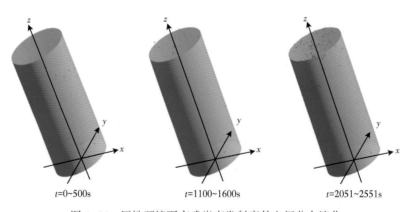

图 4-56　压性环境下玄武岩声发射事件空间分布演化

高，样品内部其余部分几乎没有声发射事件产生。说明实验初期较低的张应力条件下样品下端形成了大量的微裂隙，并稳定发育汇合。300s 时样品声发射率达到最高，此时出现较大规模的声发射事件大部分依然集中于样品下端区域，并有一些事件定位于样品中部，意味着随着应力水平的上升，更多的微裂隙在样品下部产生，原先在样品下部发育的微裂隙正逐渐向中部扩展。高应力条件下声发射累计持续上升，但事件率开始下降，峰值强度时样品出现贯通的宏观破裂面，与定位结果中声发射集中区高度吻合（图4-57）。

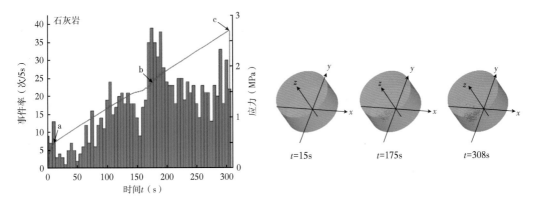

图4-57　张性环境下石灰岩声发射事件率及空间分布演化

张性环境下石灰岩的裂缝发育特征如图4-58所示，除了实验后产生的宏观裂缝外，在放大倍数为5的物镜下可以观察到张性环境下石灰岩在宏观裂缝周围发育有一条与宏观裂缝相交长而宽的张节理，以及一些较细的方向不一的张节理。总体而言在张性环境下，石灰岩裂缝发育程度较低。

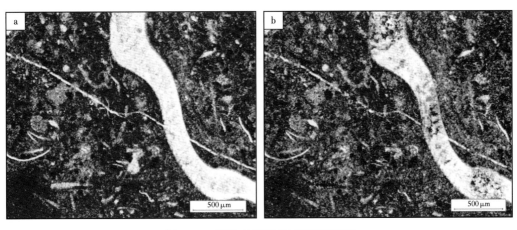

图4-58　张性环境下石灰岩裂缝特征
a—单偏光；b—正交偏光

2）白云岩

在实验开始后的低张应力阶段，样品中几乎没有声发射事件的产生。70s后，声发射事件集中产生在样品的下部，少量微裂隙在该区域产生，290s之后可定位的微裂隙开始在样品上部产生。290~1420s随着应力水平的增加，声发射总数稳步上升，意味样品上下部分形成的微裂隙在这段时间内稳定扩展且逐渐汇合贯通。1420s之后样品进入破坏阶段，声发射累计事件突增，新增的声发射主要集中在样品中上部，最终微裂纹从上到下贯通形成破裂面，样品宏观破坏（图 4-59）。

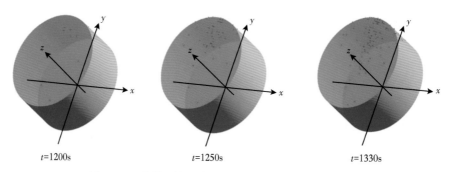

$t=1200s$ $t=1250s$ $t=1330s$

图 4-59　张性环境下白云岩声发射事件空间分布演化

3）安山岩

安山岩在实验初期有一段声发射活跃期，持续 10s 左右，此后声发射率回落至较低水平。定位结果显示小规模的声发射事件出现在样品两端，说明此阶段样品中先存裂缝被逐渐压实并产生少量微裂隙。此后一段时间声发射事件累计随应力的增加而上升，但样品声发射事件率一直处于较低水平，此阶段样品中可定位的微裂隙数量不大，但是集中程度较高，均定位于样品上半部分一小块区域内。250s 及 500s 时样品声发射率出现两次短暂的突增，两次声发射的大量增加定位结果都在样品上部同一区域内集中，说明此阶段样品上半部分出现大量的微裂隙，而裂纹开始稳定地扩展汇聚。830s 后样品进入塑性变形及破裂阶段，微裂隙的数量大量增加，声发射定位逐渐出现在样品中下部分，此时样品上部的裂隙进入非稳定拓展阶段，开始向下延伸，最终与样品下部裂隙贯通形成主破裂面（图 4-60）。

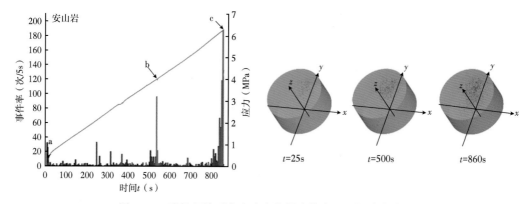

$t=25s$ $t=500s$ $t=860s$

图 4-60　张性环境下安山岩声发射事件率及空间分布演化

张性环境下石灰岩的裂缝发育特征如图 4-61 所示，除了实验后产生的宏观裂缝外，在放大倍数为 5 的物镜下可以观察到张性环境下石灰岩在宏观裂缝周围发育一条与宏观裂缝相交长而宽的张裂隙，在其他视域也能观察到一些长度、方向不一的张裂隙。总体而言在张性环境下，石灰岩裂缝发育程度不高，连通性较差。

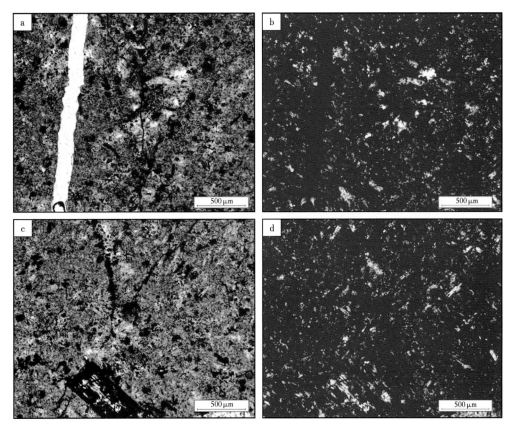

图 4-61 张性环境下安山岩裂缝特征

a、c—单偏光；b、d—正交偏光

4）玄武岩

在实验开始后的 1200s 内，样品中几乎没有产生声发射事件，只有零星的声发射分散于样品中。最后 130s，实验样品处于塑性变形及破坏阶段，大规模的声发射事件在样品的上部产生，而中下部出现声发射定位事件空白区域。这个阶段产生的声发射事件占到该次实验的 87.3%，意味着随着应力水平的上升，大量的微裂隙在样品上部产生并汇聚。最终样品上部的微裂缝开始向下发育伸展造成上下部裂缝贯通形成主破裂面，样品宏观破坏（图 4-62）。

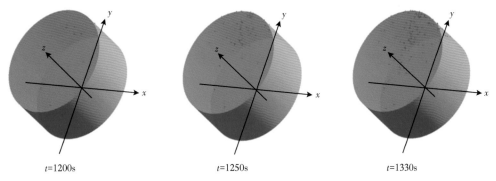

图 4-62 张性环境下玄武岩声发射事件空间分布演化

5. 实验结论

在挤压和拉张两种应力条件下，不同岩性内部均发生了不同程度的破坏形成了裂缝，但不同岩性发育裂缝的能力存在明显的差异。通过实验结果得出以下几点结论：

（1）按发育裂缝的能力排序，在挤压应力条件下，二长花岗岩>斜长角闪岩>片麻状花岗岩>安山岩>玄武岩>石灰岩>白云岩。

（2）按发育裂缝的能力排序，在拉张应力条件下，斜长角闪岩>片麻状花岗岩>二长花岗岩>花岗片麻岩>安山岩>玄武岩>石灰岩>白云岩。

（3）太古宇潜山岩石最容易发育裂缝，中生界火山岩次之，古生界沉积岩发育裂缝能力较差。

三、构造差异控储与潜山储层预测

环渤中地区中—新生代构造应力场多次变化，致使研究区经历多期次、多类型、多次反转的构造叠加。不论挤压变形或者伸展变形，形成的断裂带都不同程度的发育伴生裂缝带育。这无疑为研究区潜山裂缝的形成创造了极为有利的条件。中生代以来，研究区依次经历了印支早期 NE 向挤压、印支晚期应力松弛、燕山早期压扭、燕山中期强左行走滑与强伸展以及燕山晚期 NWW 向挤压的构造演化历程。各主要构造时期构造应力性质与方向、构造响应均有所不同（表4-2）。

表4-2 渤海地区印支运动与燕山运动各期次构造变形表

时间	构造运动	应力方向与构造性质	构造变形响应
K_1 末—K_2	燕山运动晚期	NWW 向挤压	NE、NNE 走向断层全面反转为逆冲断裂；上白垩统缺失；下白垩统遭受不同程度剥蚀
K_1 中期	燕山运动中期	NW—SE 向伸展	NE、NNE 走向断层全面伸展裂陷；火山岩大规模活动；箕状断陷结构发育
K_1 早期		NNE 向左行走滑	形成近 SN 走向走滑断裂；郯庐断裂强烈左行走滑活动
J_2 末—J_3	燕山运动早期	NW 向挤压	形成 NE、NNE 向逆冲断裂；造成东高西低的构造格局；东部古生界剥蚀严重；东部见酸性侵入岩
T_3 晚期—J_2	印支运动晚期	强挤压后的应力松弛	前期 NW、近 EW 走向断层反转并控制侏罗系沉积
T_1—T_3 早期	印支运动早期	先近 S—N 向挤压，后 SW—NE 向挤压	形成一系列 NW 和近 EW 走向的逆冲断裂

其中挤压作用产生的裂缝要远强于伸展作用，压扭作用产生的裂缝多于张扭作用。因此可以推断潜山储层发育受控于多期构造应力的主导，同时受到岩性、流体改造共同影响。

1. 构造分区控储模式

印支—燕山期的几期逆冲挤压应力是潜山破碎成储的关键。印支期强挤压是潜山储层发育的基础，燕山早期的压扭应力进一步强化储层发育，燕山中期的走滑进一步改造储层，喜马拉雅期的走滑主要起到裂缝活化作用。目前发现的大型潜山储层发育带，主要位于郯庐断裂带以西，南部又以印支期强活动 NW 向展布为主，北部以燕山期强活动，NE 向展布为主。曹妃甸 2-2、渤中 19-6、渤中 26-2、渤中 28-1 都揭示喜马拉雅期走滑断裂改造过的印支期、燕山早期逆冲挤压的核部是储层最发育的地方。

西部隆起区主要保留了印支期形成的大型隆起潜山，后期构造改造相对较弱，除了印支期逆冲断裂带附近，潜山内部变形和破碎程度相对较低。中部断陷区主要发育低矮的反转翘倾型潜山，这类潜山主要是印支期潜山经过燕山—喜马拉雅期再造形成的，因此，其单个潜山的规模减小。但是，由于受到多期压、张、扭构造作用的改造，潜山内部构造破碎强烈，是基底潜山储层的有利区带。东部隆起区主要发育复杂走滑断块型潜山，其成因为印支期潜山被燕山期和喜马拉雅期走滑和伸展构造叠加改造，总体表现为原来的潜山被走滑断裂切割成规模不等的块体，并伴有一定的逆时针旋转，但潜山内部的破碎程度较中部隆起区低，比西部隆起区高。

2. 构造叠加改造控储模式及储层预测

环渤中地区潜山储层的形成经历了印支期强挤压潜山的初始形成，燕山早期的压扭走滑作用叠加改造破坏，燕山中期张扭伸展作用断陷再成山，喜马拉雅期张扭伸展裂缝再活化的多期构造叠加改造过程。多期断裂交汇叠加改造区的潜山破碎强烈，这类潜山主要分布在三个构造分区的交界部位，尤其是西部隆起区和中部断陷区交界附近为印支期古隆起和燕山期走滑强烈叠加的部位，也是燕山期压扭带的发育部位，其潜山内部破碎强烈（图 4-63），中部断陷区和东部隆起区交界部位破碎程度次之。构造变形叠加期次越多，裂缝越发育，且裂缝的形成几乎不受上覆地层影响。如在埕北 30 潜山中，太古宇油藏被古生界和中生界所覆盖，虽可能发育古

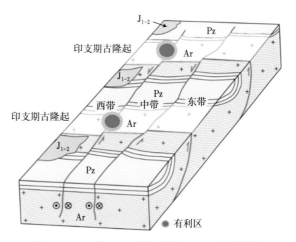

图 4-63　环渤中地区构造叠加改造有利区图

老风化壳，但埋藏近 6 亿年的风化壳难以成为良好储层，其有效储层仍以裂缝型为主。该潜山被数条 NW 和 NNE 走向大型断裂所包围，前者为印支期逆冲断裂，后者为燕山期压扭断裂，二者叠加使得太古宇裂缝型储层的发育不受古生界与中生界覆盖影响。多期叠加的核部内部储层厚度大，渤中 19-6 气田太古宇储层最大有效厚度可达 1000m，"净毛比"平均值为 42%（最高可达 68%），储集空间主要为裂缝，裂缝多为高角度，其走向以 NWW、NE 及近 EW 向为主，分别形成于印支期、燕山期和喜马拉雅期。

3. 走滑雁列构造控储模式

走滑雁列构造是指在两条走滑断裂之间由于走滑剪切应力作用形成的雁列式排列的次级断层，一般呈带状分布于走滑断裂之间（图 4-64）。环渤中地区印支期构造变形在本区

西部、中部、东部三个区内都比较强烈，但是燕山期和喜马拉雅期的构造变形则表现为由西向东逐渐加强。燕山期和喜马拉雅期变形对西部地区构造改造相对较弱，但对中部、东部地区的构造叠加改造非常强烈，中部断陷区以强压扭弱走滑为特征，东部隆起区则以强走滑弱压扭并伴有逆时针转动为特征。

在燕山期左行走滑作用下，西部隆起区相对固定，而中部、东部地区发生左行走滑，错移量从西向东越来越大，这样就使得中部断陷区内，尤其是中部断陷区靠近西部隆起区的地带受到非常强烈的压扭撕裂作用，形成典型的走滑带间雁列构造。左行走滑带之间形成雁列式的近 SN 向的张性断裂和与其近垂直的 EW 向压性断裂（图 4-64a）。

喜马拉雅期右行走滑作用下，中部断陷区内燕山期形成的左行走滑带间雁列构造受到右行走滑的叠加改造，形成右行走滑带间雁列构造，原来的 SN 向张裂构造转变为压扭构造，而原来的 EW 向压性断裂转变为张性破裂（图 4-64b）。

由此可见，走滑带间雁列构造对基底潜山的改造非常强烈，使其内部形成大量破裂，带间雁列构造发育区带的基底潜山一般都具有较好的储层，因此，中部断陷区带间雁列构造发育区的基底潜山具有较好的储层，东部隆起区次之。相比而言，具有较大错移量的走滑断裂对潜山的内部破碎作用不大，总体表现为块体旋转和错移，只是断裂带附近或与早期断裂交汇的部位有一定的破碎。

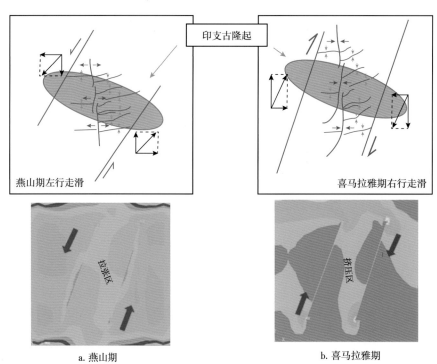

图 4-64　环渤中地区燕山期和喜马拉雅期雁列构造控储模式图

通过不同区带中潜山类型和特征，可以推断潜山储层具有"三横四竖成排成带"分布的特征。近 NE 向三个印支期强活动区带控制潜山储层发育区域，近 NE 向燕山期大断裂挤压核部以及带间转换带进一步控制具体潜山有利目标区，喜马拉雅期改造强烈的核部结合地球物理方法可以进一步明确有利井位部署。

4. 岩性应力控储研究

潜山储层的发育程度受也受控于基岩岩石脆性。一般是脆性矿物岩石易破裂成缝。环渤中地区储层包括太古宇变质岩储层、古生界碳酸盐岩储层和中生界火山岩储层。通过野外观察发现，岩石的易碎程度与岩性和矿物组成关系密切，一般含长石、石英质成分多的岩石在同样应力作用下更容易破碎，石英最易破碎，钾长石比斜长石易碎，所以，含钾长石和石英矿物多的岩石更容易破碎。野外可以见到钾长花岗岩比二长花岗岩和斜长花岗岩更容易破碎。因此，基底潜山的组成岩性也直接影响到潜山储层的性质。

对研究区六个不同岩性的样品在挤压和拉伸两种应力环境下的岩石破碎物理模拟实验发现，在应力作用下不同岩性易碎程度存在差异，在挤压条件下易碎程度排序为：二长花岗岩>斜长角闪岩>片麻状花岗岩>安山岩>石灰岩（图4-65a）；拉张条件下易碎程度排序为：斜长角闪岩>片麻状花岗岩>二长花岗岩>花岗片麻岩>安山岩>石灰岩（图4-65b）。组成基底潜山的岩石主要为太古宇花岗质岩石和斜长角闪岩，这些岩石最易发育破裂，而中生界安山岩次之，古生界石灰岩发育裂缝能力较差。因此，从不同岩性的易碎程度看，基底潜山最容易破碎形成优质储层。

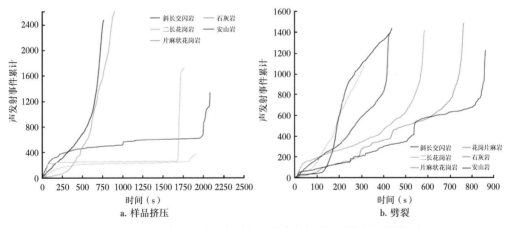

图4-65　样品挤压和劈裂实验声发射事件累计—时间关系曲线图

5. 流体控储

多期的大规模区域构造运动一方面使得潜山地层抬升剥蚀，暴露地表接受大气淡水溶蚀改造，另一方面强烈构造运动发育的大型断裂沟通地幔，使得多元流体对风化壳和内幕裂缝储层发育起到强化作用。多元流体改造储层主要包括地表大气水的淡水淋滤作用和深部二氧化碳、烃类流体的溶蚀作用。长期暴露于地表的基岩岩石遭受风化、剥蚀，尤其在潜山顶部和平缓部位，极易形成厚层风化壳，形成优质储层。深部流体的注入对潜山储层也具有重要改善作用。深部流体类型主要有幔源 CO_2、烃类流体、岩浆热液等，对早期裂缝再活化形成沿裂缝的溶蚀扩大孔具有重要意义，同时也使得潜山风化壳及内幕裂缝发育，为大规模成气提供充足的储集空间。酸性水是溶蚀作用的关键，并且在应力发育区溶蚀作用效果更强。

第五章　环渤中地区潜山油气藏勘探实践

第一节　环渤中地区太古宇变质岩潜山勘探实践

一、油藏地质特征

渤中 19-6 构造位于渤海海域渤中凹陷西南部的深层构造脊上，西部与埕北低凸起相邻，南部与黄河口凹陷相接，东南部与渤南低凸起相邻，北依沙垒田凸起（图 5-1）。渤中 19-6 构造受印支、燕山和喜马拉雅三期构造运动控制，发育近 EW 向断层，形成"洼中隆"的构造形态，整体为被断层复杂化的大型低潜山圈闭群，基底潜山发育中生界和新太古界。

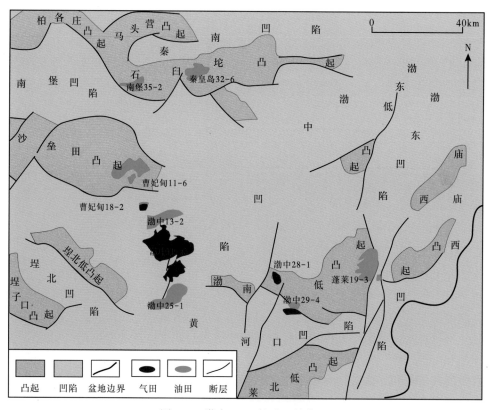

图 5-1　渤中 19-6 构造区域位置

目前钻井揭示渤中 19-6 构造包括两个区块：19-6 区块和 13-2 区块。19-6 区块是气田的主体区块，为被走滑断层及其派生断层复杂化的具有背斜特征的断块构造，发育孔店组和新太古界潜山气藏，新太古界潜山直接出露，区块内大部分上覆沙河街组（仅 19-6-1、19-6-5 井区上覆孔店组）。13-2 区块位于 19-6 区块西北侧，与 19-6 区块以断层分隔，为受断层控制形成的具有断鼻形态的断块圈闭，发育新太古界潜山油藏，大部分新太古界潜山上覆中生界。

渤中 19-6 区块孔店组气藏埋深 3456.0~3996.0m，气藏类型为层状构造凝析气藏。地面天然气相对密度为 0.745~0.752，CO_2 含量 6.88%~9.37%，H_2S 含量 0.0010%~0.0011%；地面凝析油密度为 0.787~0.799t/m³，具有低密度、低黏度、低含硫、高含蜡、高凝固点的特点；地层凝析气地露压差小（0.211~2.915MPa），凝析气油比 1106~1421m³/m³，凝析油含量 751~775cm³/m³。太古宇潜山气藏埋深 3856.0~5419.0m，气藏类型为块状凝析气藏。地面天然气相对密度为 0.734~0.763，CO_2 含量 9.19%~10.49%，H_2S 含量 0.0006%~0.0024%；地面凝析油密度 0.798~0.809t/m³，具有低密度、低黏度、低含硫、高含蜡、高凝固点的特点；地层凝析气地露压差小（1.317MPa），凝析气油比 1095m³/m³，凝析油含量 884cm³/m³。

渤中 13-2 区块油藏埋深 4175.0~5065.0m，油藏类型为块状挥发性油藏。地面原油具有低密度、低黏度、低含硫、高含蜡、高凝固点的特征。地面原油密度为 0.811~0.812g/cm³（20℃），黏度为 2.30~2.40mPa·s（50℃），含硫量为 0.02%~0.03%，含蜡量为 19.40%~21.84%，凝固点为 21~24℃。渤中 13-2 油藏原油高含溶解气，溶解气油比为 486~682m³/m³，溶解气具有中含 CO_2、微含硫的特点。溶解气中 CH_4 含量为 78.05%~78.99%，C_2H_6~C_6H_{14} 以上含量为 14.99%~16.24%，N_2 含量为 0.39%~0.79%，CO_2 含量为 5.23%~5.33%，H_2S 含量为 6.5~8.9mg/L。

二、区带构造特征

渤海海域位于华北板块东部，是渤海湾盆地的重要组成部分。古生代以来，华北板块的发展受古亚洲洋、特提斯洋、古太平洋三大全球动力学体制控制，在其周缘形成了兴蒙造山带、秦岭—大别造山带及太行山隆起，同时产生了郯庐断裂带等规模巨大的深大断裂系。自1800Ma 结晶基底形成以来，渤海湾盆地经历了中元古代陆内裂陷槽、新元古—早古生代海侵稳定克拉通、晚古生代碰撞不稳定克拉通、三叠纪印支挤压造山及前陆盆地、早—中侏罗世燕山早期前陆盆地、晚侏罗—早白垩世弧后伸展盆地及新生代伸展—走滑复合改造等多阶段演化过程（侯贵廷等，2001；李三忠等，2010）。不同时期、不同方向的构造形迹纵横交错形成了渤海"立交桥式"构造格局。

地层的沉积和削蚀是构造作用的结果，同时也记录了构造演化的信息。根据地层接触关系，渤海潜山内幕大致可以识别出五个构造不整合界面，包括下古生界与上古生界之间的平行不整合，以及前寒武系与下古生界、上古生界与中—下侏罗统、中—下侏罗统与上侏罗—下白垩统、上侏罗—下白垩统与新生界之间的角度不整合。据此，将渤海前新生界划分为三大构造层六个构造亚层：前寒武系构造层（包括变质结晶基底构造亚层、中—新元古界构造亚层）、古生界构造层（下古生界构造亚层、上古生界构造亚层）、中生界构造层（中—下侏罗统构造层、上侏罗—下白垩统构造亚层）。

研究区自古元古代末期结晶基底形成，尤其是进入到中—新生代构造演化阶段以来，经历了频繁的构造体制转换，形成多个"挤压—拉张—挤压"构造旋回，产生了纵横交错的断裂体系和复杂多样的潜山构造（夏斌等，2006）。构造的形成和演化具有一定时限，即构造变形不仅具有地区性，而且具有时代性。通过对构造变形特征的解析和区域构造不整合界面的识别，将中—新生代演化划分为印支旋回、早燕山旋回、中燕山旋回、晚燕山旋回、早喜马拉雅旋回、晚喜马拉雅旋回六个构造旋回。

1. 印支旋回（T_3）

印支旋回华北板块受控于古亚洲或特提斯构造体系域。中三叠世末期—晚三叠世，扬子板块与华北板块碰撞、拼接，秦岭—大别造山带开始形成，华北板块南缘受到 SSW 方向的挤压（李勇等，2006）。值得指出的是，扬子与华北板块的碰撞、拼接存在"东早西晚、东强西弱"的特点，古秦岭洋表现为自东向西的剪刀式闭合（孙晓猛等，2005），造成华北地区东部抬升早且剧烈，西部抬升晚且幅度小，并在板块内发生局部挤压调整，形成大量 NWW 向或近 EW 向逆冲断层及背斜等构造（图 5-2）。

2. 早燕山旋回（J_1—J_2）

早—中侏罗世，华北板块开始受到燕山运动的影响。这一阶段一方面受扬子板块碰撞后持续效应的影响，南华北在秦岭—大别山前发育褶皱—冲断的前陆挠曲盆地，向大陆内部则发育与冲断褶皱有关的背驮盆地；另一方面由于 NE 向太平洋构造域的控制作用增强，沿边界大断裂发生扭动剪切，并有不同程度的火山活动。此外，该阶段是从受近 EW 向古亚洲板块碰撞构造域控制和影响向受 NE 向太平洋板块俯冲构造域控制和影响的转换阶段，扬子板块碰撞挤压效应减弱，区域应力调整，环太平洋构造域 NW—SE 向挤压开始显现，发育 NE—SW 向褶皱（图 5-2）。

3. 中燕山旋回（J_3—K_1）

晚侏罗—早白垩世，随着古亚洲或古特提斯构造体系域活动的减弱，西太平洋主动陆缘开始形成和发展。这是华北克拉通（尤其华北克拉通东部）的重要构造转折时期。随着伊泽奈岐—库拉板块以约 30cm/a 的速率向 NNW 运动斜向俯冲挤压欧亚板块，郯庐断裂左行走滑向北扩展。此时华北克拉通的大规模 SN 向挤压环境基本消失，取而代之以裂陷伸展并伴随走滑扭动为主。以晚侏罗—早白垩世中国东部出现强烈的火山活动、先存逆冲断裂强烈伸展反转为标志，渤海海域进入受太平洋构造域控制的裂陷盆地发育阶段（图 5-2）。

4. 晚燕山旋回（K_2）

晚白垩世，伊泽奈岐板块俯冲消亡，库拉—太平洋板块的洋中脊与欧亚大陆东缘发生碰撞并俯冲，使华北弧后的扩张停止并产生挤压抬升剥蚀和逆冲推覆，造成"燕山晚期运动"，使渤海及邻区上白垩—古新统早期遭受区域隆升剥蚀均夷过程，基本缺失上白垩统和古新统，形成了古新世夷平地貌（图 5-2）。

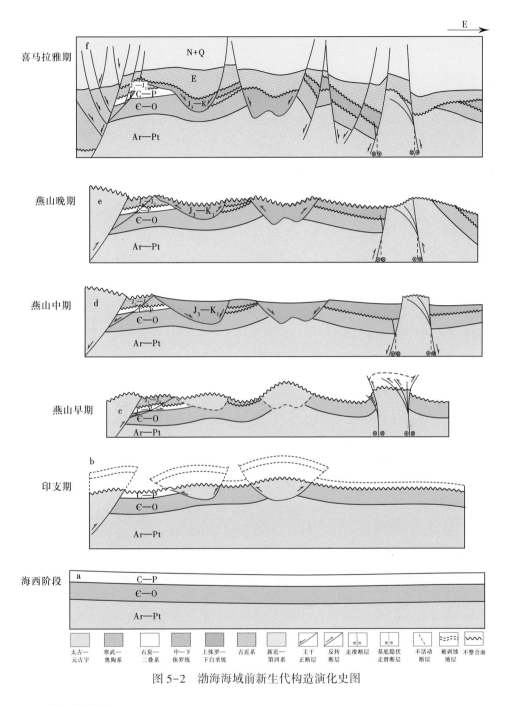

图 5-2　渤海海域前新生代构造演化史图

三、构造控储

多期构造作用是太古宇变质岩潜山优质储层形成的关键。构造裂缝是研究区主要的储集空间类型，同时也为后期的溶蚀提供了流体通道。华北克拉通自破坏以来经历了多期构造运动，主要包括印支期近 SN 向与 NE 向挤压、燕山期走滑活动以及喜马拉雅期的多期拉张。

渤海潜山自印支期以来经历了多期构造运动,印支期受扬子板块与华北板块碰撞影响,产生大量近 NWW 向逆冲断层,发育大量近 NWW 向挤压裂缝;燕山期受太平洋板块沿 NNW 向东亚大陆俯冲,郯庐断裂发生左旋挤压,派生出大量 NE 向挤压裂缝;喜马拉雅早期受走滑左旋向右旋演变,同时地幔柱活动引起盆地裂陷,形成大量近 SN 向张性断层,进而派生出近 EW 向拉张裂缝,发育三期构造裂缝形成三组裂缝体系(图 5-3)。潜山不仅发育上部风化壳储层,还可发育巨厚的内幕裂缝段,整体构成了变质岩储集体巨大的储集空间。

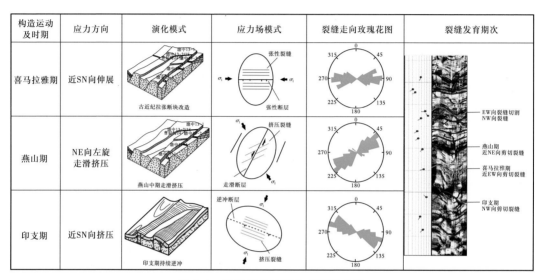

图 5-3 渤海湾盆地潜山成储模式图

1. 印支早期

前印支期,华北地台经历的加里东和海西运动以垂直升降为主,仅形成宽缓的褶皱,上奥陶—下石炭统沉积缺失,发育低幅背斜型圈闭。印支期早期,扬子板块向华北板块挤压,在持续强烈 SN 向挤压作用下,形成大量近 EW 向逆冲断裂;同时,伴随 EW 向走滑断裂强烈左旋压扭活动,产生一系列的近 SN 向的变换断层,渤中 19-6 主体区和渤中 13-2 构造褶皱隆升遭受剥蚀,下古生界剥蚀殆尽,太古宇变质岩出露地表,早期背斜型圈闭被断裂改造复杂化,形成幅度和面积更大的背斜型、断块型和断鼻型圈闭群。印支期受扬子板块与华北板块碰撞影响,产生大量近 NWW 向逆冲断层,发育大量近 NWW 向挤压裂缝,通过对所有已钻井成像测井解释裂缝方向来看,基本都为 EW 走向,说明该期构造运动是现今渤中 19-6 构造区所有裂缝的基础。

2. 印支晚期

扬子与华北板块的碰撞、拼接存在"东早西晚、东强西弱"的特点,古秦岭洋表现为自东向西的剪刀式闭合(孙晓猛等,2005),造成华北地区东部抬升早且剧烈,西部抬升晚且幅度小,并在板内发生局部挤压调整,形成大量 NWW 或近 EW 向逆冲断层及背等斜构造,印支晚期的时候还有一次重要的构造变形,发生 SW—NE 向的逆冲挤压作用,这期构造运动形成了一系列 NW 向的逆冲断层，更为重要的是挤压了之前单一方向的 EW 向的褶皱。现今背斜走向的轴向连成线为 NW 向，且所有轴线上井裂缝方向为 NW 向，尤其是 4 井和 8 井，几乎所有裂缝都是 NW 向，同时，通过对这一期的构造强度进行计算，从这三条剖面的构造收缩率得出结论，结果都在 1.1 左右，与早印支期构造西侧挤压强度相当。收缩率结果表明，北部 13-2 块强度最高，其次是渤中 19-6 主体区南部和中部。证实印支晚期 NE—SW 向挤压应力对储层形成作用较大。

3. 燕山期

晚白垩世，伊佐奈崎板块俯冲消亡，库拉—太平洋板块的洋中脊与欧亚大陆东缘发生碰撞并俯冲。正向俯冲硬碰撞开始，使华北弧后的扩张停止并产生挤压抬升剥蚀和逆冲推覆，造成"燕山晚期运动"。使渤海及其邻区晚白垩—古新世早期遭受区域隆升剥蚀均夷过程，基本缺失上白垩统和古新统，形成了古新世夷平地貌。渤中 13-2 构造出露区在该时期遭受强烈剥蚀，中生界覆盖区被 NW 方向应力逆冲挤压继续隆升，造成现今构造形态上的拱张构造，而拱张的核心部位应力最为集中，储层应该最为发育。

4. 喜马拉雅期以来

三轴应力实验表明，张性条件虽然造新缝的能力不如挤压应力，但是能够让早期裂缝再活化，因为侵入体基本都在中生代形成，裂缝则记录了燕山期之后的所有构造运动，通过统计所有侵入体内部的裂缝方向，可以得出，基本都是 EW 向的，反映了近 SN 向的拉张作用，这导致了早期的 EW 向裂缝再次活化，形成大量有效缝。声成像和 protex 上，EW 向裂缝往往都是张开的，而近 SN 向裂缝一般都是紧闭的，通过对解释好的裂缝宽度数据按方向进行统计，EW 向裂缝的宽度要远远大于 SN 向，有效性强，主要就是靠喜马拉雅期以来的 SN 向拉张再活化的贡献。（图 5-4）

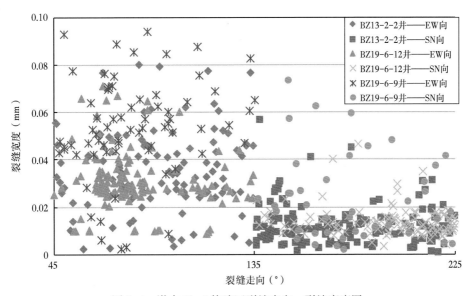

图 5-4 渤中 19-6 构造区裂缝走向—裂缝宽度图

裂缝有效性则更多取决于晚期再活化，因为断层活动时断层核和破碎带都是开启的，随着时间推移断层核会逐渐沉淀胶结，而后是破碎带，如果没有下一次构造活动，则逐渐变成无效缝，活动了就进入下一次循环。从 2Sa 井和 15 井岩心上可以看到两种不同的现象，2Sa 是典型的三期充填伴随着三期再活化形成了大量有效缝，而 15 井的裂缝充填了大量碳酸盐之后没有再次活化，这口井储层整体较差。而渤中 13-2 构造区整体上与浅层活动断裂叠合性较好，有效裂缝较为发育。

四、成藏模式

渤中 19-6 气田具有近源、多灶超压供烃特征。渤中凹陷古近系沙三段烃源岩直接披覆在太古宇低潜山之上，或者沙河街组和东营组烃源岩通过断层与低潜山对接，烃源岩生成的油气可以通过风化壳和断层就近进入圈闭成藏，具有近源成藏的优势。渤中 19-6 气田被渤中凹陷西南洼、南洼和主洼环绕，每个洼陷为一个生烃中心，具有多灶供烃的优势。洼陷带处于高演化阶段的烃源岩普遍发育超压，为油气成藏提供充足动力（图 5-5）。渤中 19-6 气田具有超压气源、优质盖层和常压—弱超压储层形成的"黄金储盖组合"。主要储集体是太古宇低潜山变质岩，其上覆地层为厚达 1000m 的超压泥岩。

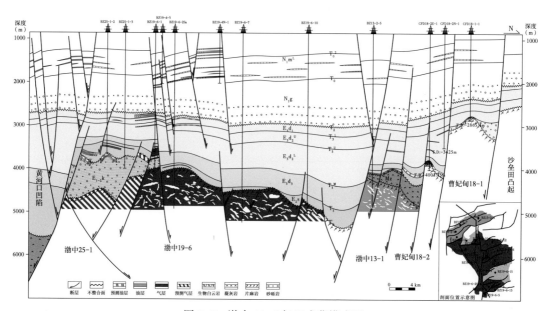

图 5-5 渤中 19-6 气田成藏模式图

渤中 19-6 气田具有天然气超晚期快速成藏的特征。现今的凝析气田在地质历史上经历了早期（距今 24—5Ma）油藏形成与破坏、晚期—超晚期（距今 5—0Ma）油藏调整与凝析气藏转换两个主要的阶段。古近纪末期（距今 24Ma），渤中南洼和渤中西南洼烃源岩小范围进入成熟阶段并开始生排烃，渤中 19-6 构造油气开始聚集形成小规模油藏，但由于油藏埋藏浅（约 2000m）、盖层条件差而遭受了生物降解及构造运动的破坏，油气突破成岩程度较低的东营组泥岩盖层并逸散，现今凝析油中出现的少量 25-降霍烷证明了先期油藏浅埋藏并遭受生物降解的过程。新构造运动初始期（距今 5 Ma），渤中南洼和渤中西南洼烃源岩广泛进入成熟—高成熟阶段并大量生排烃，渤中 19-6 构造开始大规模聚油，新构造运动使部分聚集的原油沿断层向上运移并在浅层新近系馆陶组和明化镇组圈闭再次聚集成藏，形成渤中 19-4 中型油田。新构造运动晚期，渤中南洼和渤中西南洼烃源岩整体进入高成熟阶段并大量生气，渤中 19-6 构造天然气开始大规模聚集，天然气在高温高压下对先期油藏形成气侵，导致原油可溶组分溶解进入天然气，沥青在储层中沉淀下来，先期油藏转换为凝析气藏。渤中 19-6 气田圈闭上部普遍发育沥青，根据 Jacob 建立的沥青反射率与镜质组反射率公式计算得到的沥青等效镜质组反射率仅为 0.9%，反映沥青为气侵成因。渤中 19-6 气田储层中油包裹体发育丰度很高，GOI 值高达 80%，而气包裹体发育丰度低，现今斜坡带烃源岩仍处于大量生气阶段，反映了渤中 19-6 气田天然气为超晚期成藏。超晚期快速成藏有利于渤中 19-6 气田的保存。

综上所述，渤中凹陷西南洼、南洼和主洼沙三段烃源岩经历了"早油晚气"的生排烃过程，从烃源岩中排出的油气，在上覆巨厚、区域分布稳定的优质泥岩盖层的控制下，沿不整合面、断裂运移，尤其是主力烃源岩与低潜山对接，侧向供烃窗口大。同时，烃源岩中普遍发育的超压为天然气运移提供了良好的动力条件，渤中 19-6 气田经历了"早油晚气"的成藏过程，超晚期天然气大规模聚集成藏并完成油藏向凝析气藏的转换。

第二节　环渤中地区古生界碳酸盐岩潜山勘探实践

一、油藏地质特征

渤中 21/22 构造区、渤中 19-6 北构造分别位于渤中凹陷西南环渤中 19-6 气田东部和北部，被渤中西南洼和渤中南洼包围，整个构造带南距渤中 26-2 油田 11km，西距渤中 13-1 油田 8km。目前该区及周边已有探井 30 余口，发现了渤中 19-4、渤中 25-1、渤中 25-1S、渤中 26-2/26-2N、渤中 28-1 五个油气田以及渤中 24-1、渤中 19-2、渤中 21-1、渤中 22-1、渤中 22-2、渤中 21-4 六个含油气构造，古近—新近系和潜山均获得油气发现，证实本区为富油气区带。古近系东营组、沙河街组埋藏较深，原油密度小，油品性质好。渤中 26-2 油田东营、沙河街组均发现油气藏，东营组为构造岩性油藏，埋藏深度 2500~3000m，沙河街组为构造油藏，埋藏深度 3000~3500m，原油密度为 0.850~0.860g/cm³。渤中 25-1 油田含油气层位为沙河街组，油藏类型为构造油藏、岩性—构造油藏，埋藏深度为 3200~3800m，原油密度为 0.850~0.860g/cm³。

渤中 21/22 构造潜山共钻探八口井，揭示岩性多样，既有太古宇花岗岩、古生界碳酸盐岩，还有中生界火成岩，其中古生界天然气获得较好的发现。古生界钻井揭示潜山气藏底界与潜山顶面具有正相关性，天然气聚集严格受控于储集体的发育程度，具有沿风化壳不整合面呈"似层状"分布特征，从而认为古生界潜山气藏为"似层状"模式，气柱高度最高达 780m。渤中 21/22 构造区古生界潜山气藏天然气成分比较复杂，既有烃类气体，又有 CO_2、N_2 和 H_2S 等非烃类气体。通过 BZ21-2-1 井钢瓶气样流体物性分析报告，对天然气组分进行分析，结果显示 CH_4 含量为 46.70%（烃类气中 CH_4 含量为 92%）、CO_2 含量为 48.92%、H_2S 含量为 82.2mg/L，天然气密度（相对空气密度）为 1.062。BZ22-1-2

井钢瓶气样流体物性分析报告，CH_4 含量为 59.6%（烃类气中 CH_4 含量为 92%）、CO_2 含量为 34.6%，测试结果 H_2S 含量为 137～172mg/L，天然气密度（相对空气密度）为 0.938。根据天然气组分分析特征认为渤中 21/22 构造区古生界碳酸盐岩潜山天然气藏为高含 CO_2、微含 H_2S 的湿气气藏。

二、区带构造特征

渤中 21-2/22-1/19-6N 构造区位于渤中凹陷西环，基底潜山位于渤中凹陷和渤中西南次洼之间，整体向 NE 方向倾末，具有凹中隆的构造背景，形态为一完整背斜，受基底和 NE 向断裂控制，发育独立高点背斜形态的断块圈闭，构造基底潜山为太古宇、古生界和中生界，其中，主体区为古生界出露区，低部位被中生界所覆盖，高部位局部为太古宇出露区。

该区经历了渤海湾整体沉降、加里东运动、印支运动、海西运动、燕山运动、喜马拉雅运动的多期改造，潜山主要遭受印支和燕山两期强烈构造运动，形成 EW 向和 NE 向两组断裂体系。印支期前，华北地台经历了两次较大的构造运动——加里东运动和海西运动，但这两次运动主要以垂直升降为主，水平方向构造作用较弱，构造不发育，仅形成了低缓的褶皱和微古地貌，导致上奥陶—下石炭统的沉积缺失。印支—燕山早期（晚三叠—中侏罗世），在持续强烈挤压作用下，基底内幕形成多组逆冲断裂和褶皱，渤中 21/22 构造区强制褶皱隆升遭受剧烈剥蚀，古生界出露剥蚀，造成南侧地层剥蚀厚度大，大型背斜残丘型构造初始形成；燕山中期（晚侏罗—早白垩世），华北地区构造体制和应力场特征发生根本性变革，研究区由先前的压扭剪切应力场转入张扭剪切应力场，先存的近 EW 向断裂发生伸展反转，走滑断裂发生大规模左行走滑拉张，先存背斜被一定程度改造破碎，同时由于剥蚀作用，构造幅度有所降低；燕山晚期（晚白垩世），研究区转入近 EW 向弱挤压应力场，断裂不发育，在弱挤压作用之下再次褶皱形成宽缓低幅的背斜，导致渤中 21/22 构造区整体呈现地层中间高南北低的构造格局（图 5-6）。

应用半定量—定量化潜山构造分

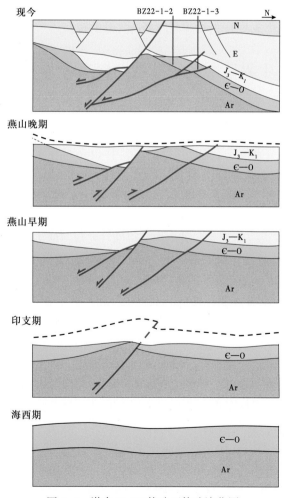

图 5-6　渤中 21/22 构造区构造演化图

析技术,对渤中 20/21/22 构造区潜山的岩性边界进行了精细落实。在渤中 20/21/22 构造区古生界碳酸盐岩顶面构造图上,碳酸盐岩潜山顶面圈闭面积为 109.4km²,闭合幅度 150～350m,整个渤中 20/21/22 构造区碳酸盐岩圈闭背景面积可达 164.7km²,幅度 1000m,为该区古生界成藏奠定了良好的圈闭条件。

三、构造控储

构造作用是决定研究区古生界碳酸盐岩地层抬升、剥蚀并使其遭受岩溶作用的主导因素。断裂是发生岩溶作用的基础,岩溶时期断裂越发育,岩溶作用越强烈。

渤中 21/22 构造区钻井揭示古生界主要为溶蚀裂缝型储层,岩心和壁心资料揭示,研究区裂缝发育,可见高角度裂缝、溶蚀缝和节理缝,裂缝间切割关系复杂,高角度裂缝多被充填。从裂缝发育角度将古生界风化壳储层划分为两段,通过 BZ22-1-2 井成像测井揭示风化壳上部为高角度裂缝,沿缝发生强烈的溶蚀现象,下部发育顺层微裂缝及缝合线,薄片上观察裂缝基本被方解石充填,而且至少发育三期裂缝,相互切割现象明显(图 5-7)。

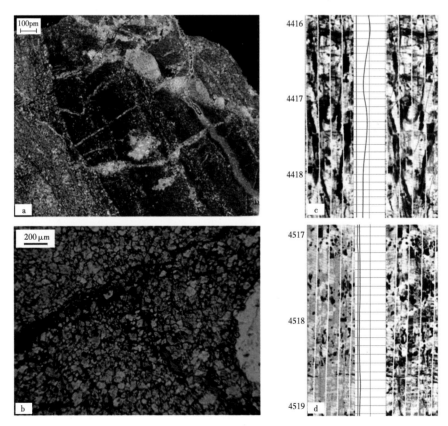

图 5-7 渤中 21/22 构造区裂缝发育特征

a—BZ22-1-2 井,4430-4440m,泥晶灰岩 10(+)发育垂直裂缝,溶蚀孔与裂缝伴生;b—BZ22-1-2 井,4509.5m,晶粒白云岩,10(-)发育晶间溶孔、溶缝;c—构造裂缝,沿裂缝发育溶蚀孔;d—溶蚀孔顺层发育

前文已提及，渤中 21/22 构造区下古生界潜山经历了多期强烈的构造运动，潜山地层遭受近 300Ma 的暴露剥蚀，构造演化与储层的形成具有密切关系，多期构造运动造成了多期长期岩溶作用阶段，主要形成于印支期和燕山期两期抬升挤压运动。本区自印支期到燕山早期，几乎始终处于暴露剥蚀状态，普遍缺失上奥陶统、志留系、泥盆系、石炭系、二叠系及三叠系。在此过程中，该区及围区地表形成广泛的岩溶地貌形态，在潜水面以上，由于水流的垂向运动，形成了溶蚀成因的坑、沟、洞、缝等；在潜水面以下，由于水流的横向顺层流动，形成了地下暗河，大型溶洞等。古生界经历了短暂的浅埋藏作用，此过程中，地层深部流体可能对碳酸盐岩储层进行初步改造。燕山晚期，该区整体抬升，导致中生界遭受强烈剥蚀，形成第二期岩溶作用。到新生代早期，渤海湾盆地进入断陷发展阶段，古近系覆盖于碳酸盐岩潜山之上，碳酸盐岩地层开始进入埋藏成岩作用时期，地层承压水、地层深部流体、烃类流体等对储层进行了后期改造。经过两期暴露剥蚀和一期埋藏成岩，渤中 21/22 构造区碳酸盐岩潜山岩溶储层最终形成并聚集油气成藏。

多期构造运动除了造成地层剥蚀，还形成大的断裂体系，同时伴生发育多组裂缝，为后期的岩溶作用提供了有利通道。从渤中 21/22 构造区断裂特征及地层厚度进行分析，该区印支期形成 EW 向断裂，在地震剖面上显示负向结构的特征，燕山期形成 NE 向断裂，剖面上表现为负向结构和褶皱特征（图 5-8）。通过对两组断裂进行构造形态恢复，发现该区共发育三种构造变形样式：印支期冲起构造、燕山期叠瓦逆冲构造和燕山期褶皱（图 5-9）。

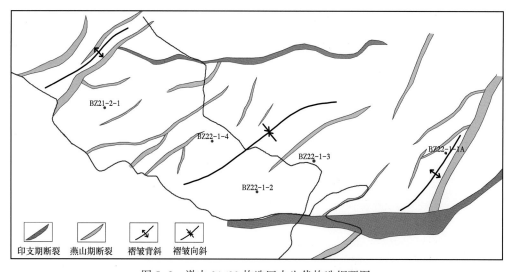

图 5-8　渤中 21/22 构造区中生代构造纲要图

不同构造样式在不同时期、不同部位变形强度存在一定的差异。其中变形最强烈的是印支期冲起构造，主要受 EW 向断层控制，平面上分布在渤中 21/22 构造区南侧，典型井区为 BZ22-1-2 井区，成像测井和薄片资料均显示该井裂缝呈网状，非常发育，且裂缝密度平均达 12 条/m，钻井揭示该井储层厚度最大，"净毛比"高达 55%。其次是燕山期叠瓦逆冲构造，主要受这组 NE 向断层控制，平面上分布在渤中 21/22 构造区西侧，典型井区 BZ21-2-1 井区，1 井位于前缘，变形较为强烈，且从成像测井解释成果来看，裂缝发育程度相对 BZ22-1-2 虽然要差一些，裂缝密度平均为 8 条/m，但是薄片和成像测井显示裂缝较发育，该井储层"净毛比"为 46%。变形强度最弱的是燕山期褶皱，平面上主要分布在构造区北侧，典型井区 BZ22-1-3 井区，该井位于褶皱翼部，变形较弱，从 BZ21-2-1 井、BZ22-1-2 井、BZ22-1-3 井这三口井的电阻率分开程度指标（RD-RS）/RD 来看，BZ22-1-3 井的（RD-RS）/RD 平均值最低，代表裂缝发育程度较低，同时裂缝孔隙度规律显示 3 井区裂缝孔隙度最小，对应该井的"净毛比"为 29%，明显低于其他两口井。

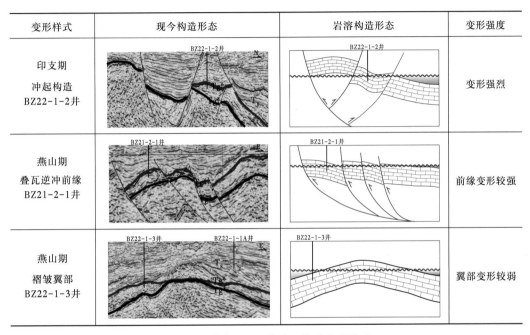

变形样式	现今构造形态	岩溶构造形态	变形强度
印支期 冲起构造 BZ22-1-2井			变形强烈
燕山期 叠瓦逆冲前缘 BZ21-2-1井			前缘变形较强
燕山期 褶皱翼部 BZ22-1-3井			翼部变形较弱

图 5-9　渤中 21/22 构造区构造变形样式

四、成藏模式

目前区带成藏条件综合分析结果表明，渤中 21-2/22-1/19-6N 构造区夹于渤中凹陷主洼和南洼之间，具有双洼供油的条件，渤中主洼广泛发育沙三段、沙一段和东三段烃源岩，渤中南洼主要发育沙一段、东三段烃源岩。BZ21-2-1 井区沙一段、东三段烃源分析表明，有机质类型以 II_1、II_2 型为主，TOC 大于 2%，R_o 大于 1%，为优质烃源岩，已进入成熟生烃阶段。渤中 21-2 构造处于凹中隆的构造背景之上，为油气运聚的有利指向区。断层、不整合面、风化壳岩溶储层等形成了立体式的运移通道。此外，钻井证实沙一段及东三段存在超压异常，构造区处于渤中凹陷超压带，可为油气运移提供充足动力，有利于形成新生古储型油气藏（图 5-10）。

渤中 21-2/22-1/19-6N 构造钻井证实气底界面潜山烃类底界与潜山顶面具有正相关性，油气聚集严格受控于储集体的发育程度，具有沿风化壳呈层状分布特征，结合调研西部塔河油田中奥陶统潜山风化壳岩溶型准层状油气藏，其油气柱高度在 700m 以上，从而认为该区古生界潜山气藏为"似/准层状"模式，钻井揭示该区烃柱高度最大为 780m

（图5-10）。通过钻井认识及成藏条件综合分析，该区古生界未钻圈闭还具有良好的勘探潜力，是下一步古生界继续评价的方向。

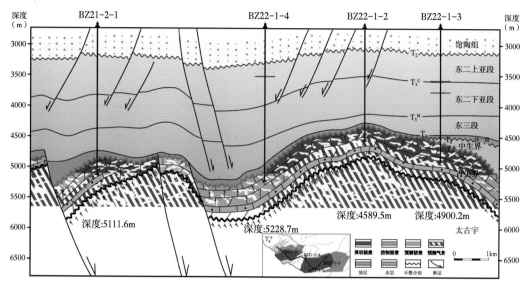

图5-10　渤中21/22构造区古生界天然气成藏模式

第三节　环渤中地区中生界火山岩潜山勘探实践

一、油藏地质特征

1. 储层特征

旅大25-1构造中生界以流纹岩、流纹质火山角砾岩和安山岩为主，其中LD25-1-1井区发育流纹岩（图5-11a），LD25-1-2井区发育安山岩。通过显微镜观察，流纹岩主要发育斑状结构、球粒结构和霏细结构，矿物组分包括碱性长石、石英和隐晶玻璃质，石英多呈斑晶状产出，碱性长石多呈微晶状无规则排列、部分重结晶后呈球粒状产出，隐晶玻璃质分布于碱性长石微晶间（图5-11b），火山角砾主要为隐爆角砾和构造角砾（图5-11c），成分为流纹质（图5-11d）。安山岩主要为气孔杏仁安山岩（图5-11e），具有气孔杏仁构造、交织结构，气孔被多期次矿物充填，充填物主要为硅质和方解石（图5-11f）。

利用钻井取心和旋转井壁取心资料，系统测定了3口井92块岩心和壁心样品的孔隙度和渗透率。结果显示，中生界储层非均质性十分明显。孔隙度分布范围为1.5%~15.8%，平均孔隙度8.4%；渗透率差异更为明显，分布范围为0.01~24.6mD，平均渗透率为1.8mD。储集空间类型主要为裂缝和溶蚀孔，裂缝主要为构造裂缝，与中生代晚期和新生代区域构造运动有关，火山岩岩心发生强烈破碎，形成油气的优质储集空间（图5-12）。

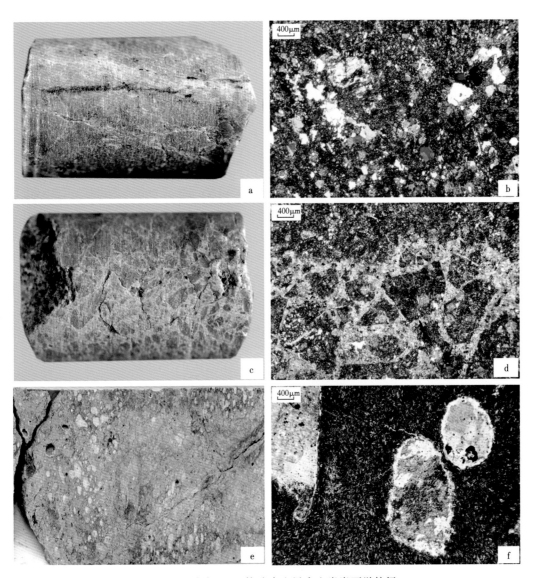

图 5-11　旅大 25-1 构造中生界火山岩岩石学特征

a—LD25-1-1Sa 井，3415m，流纹岩，壁心；b—LD25-1-1Sa 井，3454m，流纹岩，薄片；c—LD25-1-1Sa 井，
3427.5m，流纹质火山角砾岩，壁心；d—LD25-1-1Sa 井，3430m，流纹质火山角砾岩，薄片；e—LD25-1-2 井，
3354.18-3354.25m，气孔杏仁安山岩，岩心；f—LD25-1-2 井，3354.24m，气孔杏仁安山岩，薄片

2. 油藏特征

根据测试和测压资料，研究了旅大 25-1 油田的温度和压力系统。旅大 25-1 油田中生界原始地层温度 102.8℃，原始地层压力 41.7MPa，地层压力系数 1.29。流体分析资料表明，中生界地面原油密度为 0.8628g/cm³，原油黏度为 11.62mPa·s（50℃），为轻质常规原油，油藏类型为块状油藏。

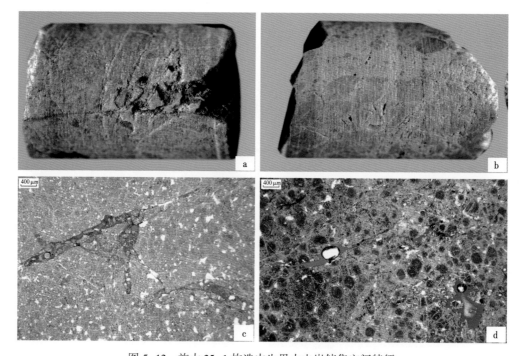

图 5-12　旅大 25-1 构造中生界火山岩储集空间特征

a—LD25-1-1Sa 井，3456m，岩石破碎强烈，壁心；b—LD25-1-1Sa 井，3477m，构造角砾，壁心；
c—LD25-1-1Sa 井，3410m，微观裂缝发育，薄片；d—LD25-1-1Sa 井，3494m，裂缝和溶蚀孔发育，薄片

二、区带构造特征

旅大 25-1 构造位于渤海海域辽西凸起南段倾没端秦皇岛—旅顺断裂与郯庐断裂交汇处，秦南凹陷东侧控凹断裂（秦南 1、2 号断裂）与辽西凸起东缘边界断裂相交的三角地带，构造演化非常复杂。构造四周被渤中凹陷和秦南凹陷环绕（图 5-13），其中渤中凹陷和秦南凹陷东南次洼均已被证实为富生烃凹陷，成藏条件优越。

旅大 25-1 构造经历了印支期、燕山期和喜马拉雅期三期构造运动。印支期由于华南板块和华北板块剪刀式碰撞影响，渤海海域遭受 NE 向挤压，形成一系列 NW 向逆冲断层。旅大 25-1 构造受 F_1 和 F_2 两条印支期断层控制，处于印支期挤压的核部位置，上覆古生界被剥蚀殆尽，太古宇出露地表接受风化剥蚀，构造两侧残留古生界（图 5-14）。

燕山中期太平洋板块后撤，形成一系列 NE 向伸展断层，与此同时 NW 向早期断层同时发生伸展断陷，控制了中生界义县组火山岩和九佛堂组、沙海组和阜新组碎屑岩的地层展布。燕山晚期的走滑左行挤压作用使中生界发生掀斜，呈高角度与上、下地层相交产状。

新生代构造演化始于古新世，受 NW—SE 向伸展作用和 NE 向走滑作用的影响，发育一组向西倾的 NE 向及 NNE 向深大断裂，在断裂西侧发育陡坡带，东侧以斜坡向渤中凹陷延伸。辽西凸起南段断裂活动弱，深部倾角较缓、以拉张为主，浅部倾角较陡、以走滑为主，断裂活动差异性控制了凹陷二级构造单元的分布。古近系沉积时期，NW—SE 向调节断层控制了断层两盘沙河街组厚度，两者厚度差异大，平面延伸长度 3.0~4.5km，向上在东营组消

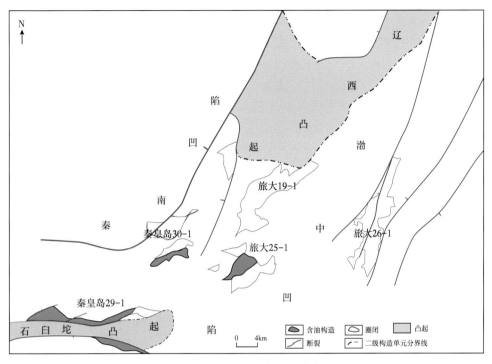

图 5-13　旅大 25-1 构造区域位置

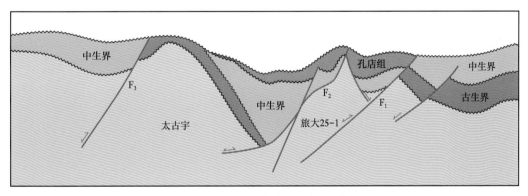

图 5-14　旅大 25 构造区现今地质剖面

亡。该组断裂在东西方向上控制旅大 25-1 构造垒块的形成。新近系沉积时期，构造相对稳定，总体表现为坳陷阶段。旅大 25-1 构造揭示地层自下而上为太古宇、中生界、古近系孔店组、沙河街组和东营组、新近系馆陶组和明化镇组及第四系平原组共八套。

三、构造—岩性对中生界储层的控制作用

火山岩储集空间类型通常包括原生孔隙、次生孔隙和裂缝三大类。由于岩石成分、结构、构造等方面的差异，储集空间类型及其组合具有显著差异。通过壁心、薄片、成像测

井和 CT 扫描等分析方法，明确研究区火山岩储集空间类型为孔隙—裂缝型，其发育程度受构造和岩性双重因素控制。

研究区位于张蓬断裂与郯庐断裂交会处，构造活动十分活跃，从断裂发育上来看，主要发育近 EW 向和 NE 向两组断裂系统（图 5-15）。通过对成像测井数据统计，裂缝走向以高角度近 EW 向为主，NE 向次之。结合不同时期构造运动应力场分析，表明旅大 25-1 构造受控于燕山晚期及古近纪早期两期构造运动，燕山晚期裂缝十分发育，但大多数裂缝均被方解石和白云石充填。而主造缝期为沙一段+沙二段沉积前的古近纪强烈伸展断陷期，其裂缝主要发育走向与现今最大主应力的近 EW 向基本一致，为裂缝得以保存的主要原因。

另外火山岩岩性、岩相是溶蚀孔隙发育的基础，旅大 25-1 构造中生界岩性为流纹质火山角砾岩，属于酸性火山岩体。与中性和基性岩类相比，酸性岩类矿物组成更易被溶蚀，形成次生溶蚀孔隙；在相同应力条件下更易发生剪切破裂形成裂缝，为后期流体溶蚀改造提供重要通道。其次，构造运动控制火山岩裂缝型储层的发育，形成了纵向上孔隙—裂缝相互连通的储集空间，溶蚀孔隙和裂缝相互连通，形成了纵横相通的储集空间，极大改善储层的有效性。

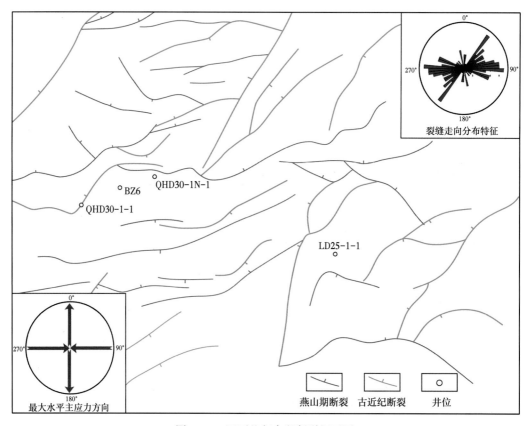

图 5-15　辽西凸起南段断裂纲要图

四、油气成藏模式

旅大 25-1 构造具古隆起背景，紧邻渤中凹陷富生烃主洼，是油气汇聚优势指向区。该构造油气成藏模式可以概括为"不整合控运—构造控储—超压封存控盖"（图 5-16）。凹陷中成熟的烃源岩生成的油气，通过不整合面+砂体+断层构成的立体高效输导模式，近源快速运移至旅大 25-1 构造，目标区优质的储层是油气汇聚的有效仓储层。同时古近系东营组发育稳定巨厚的泥岩地层，稳定泥岩盖层造成古近系存在异常高压，为下伏优质储层提供了得天独厚的封盖条件。上覆巨厚的泥岩为近源油气遮挡提供了良好的盖层条件，成熟的油气得以在目标区优质储层中聚集成藏。

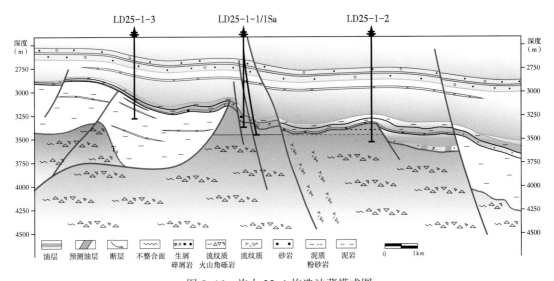

图 5-16　旅大 25-1 构造油藏模式图

参 考 文 献

陈发景, 汪新文, 张光亚, 等.1992. 中国中、新生代含油气盆地构造和动力学背景[J]. 现代地质, 6(3):
　　317-327.

陈发景.1986. 我国含油气盆地的类型、构造演化和油气分布[J]. 地球科学:中国地质大学学报, 11(3):
　　221-230.

陈景达.1988. 渤海湾盆地的复式油气聚集带[J]. 石油大学学报:自然科学版, 12(3):41-50.

陈宣华, 王小凤, 张青, 等.2000. 郯庐断裂带形成演化的年代学研究[J]. 长春科技大学学报, 30:215-220.

池英柳, 赵文智.2000. 渤海湾盆地新生代走滑构造与油气聚集[J]. 石油学报, 21(2):14-20.

邓晋福, 苏尚国, 刘翠, 等.2006. 关于华北克拉通燕山期岩石圈减薄的机制与过程的讨论:是拆沉, 还是
　　热侵蚀和化学交代[J]. 地学前缘, 13(2):105-119.

邓运华, 彭文绪.2009. 渤海锦州25-1S混合花岗岩潜山大油气田的发现[J]. 中国海上油气, 21(3):145-156.

邓运华.2015. 渤海大中型潜山油气田形成机理与勘探实践[J]. 石油学报, 36(3):253-261.

董树文, 张岳桥, 陈宣华, 等.2008. 晚侏罗世东亚多向汇聚构造体系的形成与变形特征[J]. 地球学报, 29
　　(3):306-317.

冯有良, 周海民, 任建业, 等.2010. 渤海湾盆地东部古近系层序地层及其对构造活动的响应[J]. 中国科
　　学:地球科学, 40(10):1356-1376.

薛永安, 李慧勇.2018. 渤海海域深层太古宇变质岩潜山大型凝析气田的发现及其地质意义[J]. 中国海上
　　油气, 30(03):1-9.

高先志, 陈振岩, 邹志文, 等.2007. 辽河西部凹陷兴隆台高潜山内幕油气藏形成条件和成藏特征[J]. 中
　　国石油大学学报(自然科学版), 31(6):6-9.

高先志, 吴伟涛, 卢学军, 等.2011. 冀中坳陷潜山内幕油气藏的多样性与成藏控制因素[J]. 中国石油大
　　学学报(自然科学版), 35(3):31-35.

郭兴伟, 吴智平, 杨小秋, 等.2009. 渤海湾盆地临南洼陷张扭构造演化及应力场数值模拟[J]. 海洋地质
　　与第四纪地质, 29(6):75-82.

何登发, 崔永谦, 张煜颖, 等.2017. 渤海湾盆地冀中坳陷古潜山的构造成因类型[J]. 岩石学报, 33(4):
　　1338-1356.

何海清, 王兆云, 韩品龙.1998. 华北地区构造演化对渤海湾油气形成和分布的控制[J]. 地质学报, 72
　　(4):313-322.

侯贵廷, 钱祥麟, 蔡东升.2001. 渤海湾盆地中、新生代构造演化研究[J]. 北京大学学报:自然科学版, 37
　　(6):845-851.

华北油田勘探开发设计研究院.1982. 潜山油气藏[M]. 北京:石油工业出版社.

黄汲清, 任纪舜, 姜春发, 等.1977. 中国大地构造基本轮廓[J]. 地质学报, 2:117-135

姜晓宇, 张研, 甘利灯, 等.2020. 花岗岩潜山裂缝地震预测技术[J]. 石油地球物理勘探, 55(3):694-705.

金凤鸣, 王鑫, 李宏军, 等.2019. 渤海湾盆地黄骅坳陷乌马营潜山内幕原生油气藏形成特征[J]. 石油勘
　　探与开发, 46(3):521-529.

李德生.1985. 倾斜断块—潜山油气藏, 拉张型断陷盆地内新的圈闭类型[J]. 石油与天然气地质, 6(4):
　　386-394.

李德生.2000. 迈向新世纪的中国石油地质学[J]. 石油学报, 21(2):1-8.

李德生.1979. 渤海湾含油气盆地的构造格局[J]. 石油勘探与开发, 6(2):1-10.

李德生. 1980. 渤海湾及沿岸盆地的构造格局[J]. 海洋学报, 2(4): 93-103.

李德生. 1983. 中国东部中、新生代盆地与油气分布[J]. 地质学报, 3: 224-234.

李锦铁. 2009. 中国大陆地质历史的旋回与阶段[J]. 中国地质, 36(3): 504-527.

李丕龙, 张善文, 王永诗, 等. 2004. 断陷盆地多样性潜山成因及成藏研究——以济阳坳陷为例[J]. 石油学报, 25(3): 28-31.

李三忠, 索艳慧, 戴黎明, 等. 2010. 渤海湾盆地形成与华北克拉通破坏[J]. 地学前缘, 17(4): 64-89.

李三忠, 许书梅, 单业华, 等. 2000. 渤海湾及邻区构造演化与盆地组合规律[J]. 海洋学报, 22(增刊): 220-229.

李三忠, 周立宏, 刘建忠, 等. 2004. 华北板块东部新生代断裂构造特征与盆地成因[J]. 海洋地质与第四纪地质, 24(3): 57-66.

李威, 窦立荣, 文志刚, 等. 2017. 乍得 Bongor 盆地潜山油气成因和成藏过程[J]. 石油学报, 38(11): 1253-1262.

李欣, 闫伟鹏, 崔周旗, 等. 2012. 渤海湾盆地潜山油气藏勘探潜力及方向[J]. 石油实验地质, 34(2): 140-144.

李振宏, 董树文, 渠洪杰. 2014. 华北克拉通北缘侏罗纪造山过程及关键时限的沉积证据[J]. 吉林大学学报（地球科学版）, 44: 1553-1574.

刘建忠, 李三忠, 周立宏, 等. 2004. 华北板块东部中生代构造演化与盆地格局[J]. 海洋地质与第四纪地质, 24: 45-54.

刘剑平, 汪新文, 周章保, 等. 2000. 伸展地区变换构造研究进展[J]. 地质科技情报, 19(3): 27-32.

刘永江, 张兴洲, 金巍, 等. 2010. 东北地区晚古生代区域构造演化[J]. 中国地质, 37(4): 943-951.

卢鸿, 王铁冠, 王春江, 等. 2001. 黄骅坳陷千米桥古潜山构造凝析油气藏的油源研究[J]. 石油勘探与开发, 28(4): 17-21.

马杏垣, 刘和甫, 王维襄, 等. 1983. 中国东部中、新生代裂陷作用和伸展构造[J]. 地质学报, 1: 22-32.

孟庆任, 王战, 王翔, 等. 1993. 新生代黄骅坳陷构造伸展、沉积作用和岩浆活动[J]. 地质论评, 39(6): 535-547.

孟卫工, 陈振岩, 李湃, 等. 2009. 潜山油气藏勘探理论与实践——以辽河坳陷为例[J]. 石油勘探与开发, 36(2): 136-143.

漆家福, 陆克政, 张一伟, 等. 1995. 渤海湾盆地区新生代构造与油气的关系[J]. 石油大学学报: 自然科学版, 19(增刊1): 7-13.

漆家福, 杨池银. 2003. 黄骅盆地南部前第三系基底中的逆冲构造[J]. 地球科学: 中国地质大学学报, 28(1): 54-60.

漆家福, 杨桥, 童亨茂, 等. 1997. 构造因素对半地堑盆地的层序充填的影响[J]. 地球科学: 中国地质大学学报, 22(6): 603-608.

漆家福, 张一伟, 陆克政, 等. 1995. 渤海湾新生代裂陷盆地的伸展构造模式及其动力学过程[J]. 石油实验地质, 17(4): 316-323.

祁鹏, 任建业, 卢刚臣, 等. 2010. 渤海湾盆地黄骅坳陷中北区新生代幕式沉降过程[J]. 地球科学: 中国地质大学学报, 35(6): 1041-1052

施和生, 王清斌, 王军, 等. 2019. 渤中凹陷深层渤中 19-6 构造大型凝析气田的发现及勘探意义[J]. 中国石油勘探, 24(1): 36-45.

宋柏荣, 胡英杰, 边少之, 等. 2011. 辽河坳陷兴隆台潜山结晶基岩油气储层特征[J]. 石油学报, 32(1):

77-82.

宋传春. 2004. 济阳坳陷低位古潜山成藏条件分析[J]. 特种油气藏, 11(3): 12-15.

孙晓猛, 王璞珺, 郝福江, 等. 2005. 中国东部陆缘中区中—新生代区域断裂系统时空分布特征、迁移规律及成因类型[J]. 吉林大学学报 (地球科学版), 35: 554-563.

童亨茂, 宓荣三, 于天才, 等. 2008. 渤海湾盆地辽河西部凹陷的走滑构造作用[J]. 地质学报, 82 (8): 1017-1026.

王拥军, 张宝民, 王政军, 等. 2012. 渤海湾盆地南堡凹陷奥陶系潜山油气地质特征与成藏主控因素这[J]. 天然气地球科学, 23(1): 51-58.

翁文灏. 1927. 中国东部中生代以来之地壳运动及火山运动[J]. 中国地质学会会志, 6 (1): 9-36.

吴涛, 李志文. 1994. 关于沧东断裂性质的分析[J]. 石油学报, 15 (3): 19-25.

徐长贵, 周心怀, 邓津辉, 等. 2010. 辽西凹陷锦州 25-1 大型轻质油田发现的地质意义[J]. 中国海上油气, 22(1): 7-16.

许文良, 王清海, 王冬艳, 等. 2004. 华北克拉通东部中生代岩石圈减薄的过程与机制: 中生代火成岩和深源捕房体证据[J]. 地学前缘, 11 (3): 309-318.

杨明慧. 2008. 渤海湾盆地潜山多样性及其成藏要素比较分析[J]. 石油与天然气地质, 29(5): 623-631.

赵贤正, 金凤鸣, 崔周旗, 等. 2012. 冀中坳陷隐蔽型潜山油藏类型与成藏模拟[J]. 石油勘探与开发, 39 (2): 137-143.

赵贤正, 王权, 金凤鸣, 等. 2012. 冀中坳陷隐蔽型潜山油气藏主控因素与勘探实践[J]. 石油学报, 33(1): 71-79.

赵越, 陈斌, 张拴宏, 等. 2010. 华北克拉通北缘及邻区前燕山期主要地质事件[J]. 中国地质, 37 (4): 900-915.

赵重远. 1984. 渤海湾盆地的构造格局及其演化[J]. 石油学报, 5 (1): 1-18.

郑应钊, 马彩琴, 苗福全, 等. 2009. 鸭儿峡志留系裂缝性潜山基岩油藏储层地质建模[J]. 石油地质与工程, 1: 32-35.

周立宏, 李三忠, 刘建忠, 等. 2003. 渤海湾盆地区前第三系构造演化与潜山成藏模式[M]. 北京: 中国科学技术出版社, 1-181.

周心怀, 项华, 于水, 等. 2005. 渤海锦州南变质岩潜山油藏储集层特征与发育控制因素[J]. 石油勘探与开发, 32(6): 17-20.

朱光, 牛漫兰, 刘国生, 等. 2008. 郯庐断裂带早白垩世走滑运动中的构造、岩浆、沉积事件[J]. 地质学报, 76: 325-334.

朱光, 宋传中, 王道轩, 等. 2001. 郯庐断裂带走滑时代的 40Ar/39Ar 年代学研究及其构造意义[J]. 中国科学 D 辑: 地球科学, 31: 250-256.

朱日祥, 徐义刚, 朱光, 等. 2012. 华北克拉通破坏[J]. 中国科学: 地球科学, 42(8): 1135-1159.

Cuong, T X, J K. Warren. 2009. Bach Ho field, a fractured granitic basement reservoir, Cuu Dank Long Basin, offshore SE Vietnam: A "buried-hill" play[J]. Journal of Petroleum Geology, 32(2): 129-156.

Levorsen AI. 2001. Geology of Petroleum[M]. Tulsa, Oklahoma: AAPG, 286-348.

Powers S. 1922. Reflected buried hills and their importance in petroleum geology[J]. Economic Geology, 17(4): 233-259.

Salah M G, Alsharhan A S. The Precambrian basement: A major reservoir in the rifted basin, Gulf of Suez[J]. Journal of Petroleum Science and Engineering 19: 201-222.